性格心理学

苏成荣　编著

中国纺织出版社

内 容 提 要

性格并非是本我，不是每个人最真实的表现，而是人们为了迎合社会要求和满足个人预期所表现出来的社会化的个性形象。在性格背后，往往还隐藏着更深层次的心理原因，因此我们只有读懂性格背后的心理因素和表现，才能更好地了解、改变和完善性格。从而才能更加有的放矢地行走人生，也能让自己得到更好的发展。

很多年轻人都觉得性格是天生的，不可改变，也不能塑造。实际上，性格只有一小部分取决于遗传因素，而很大程度上是后天养成的。本书从心理学的角度出发，分析性格的成因，以及不同性格在社会生活中的表现，从而为读者朋友们的性格更加趋于完美提供了理论指导。

图书在版编目（CIP）数据

性格心理学／苏成荣编著.--北京：中国纺织出版社，2018.6（2024.5重印）
ISBN 978-7-5180-4888-5

Ⅰ.①性… Ⅱ.①苏… Ⅲ.①个性心理学—通俗读物 Ⅳ.①B848-49

中国版本图书馆CIP数据核字（2018）第069666号

责任编辑：闫　星　　特约编辑：王佳新　　责任印制：储志伟

中国纺织出版社出版发行
地址：北京市朝阳区百子湾东里A407号楼　邮政编码：100124
销售电话：010—67004422　传真：010—87155801
http：//www.c-textilep.com
E-mail：faxing@c-textilep.com
中国纺织出版社天猫旗舰店
官方微博http：//weibo.com/2119887771
北京一鑫印务有限责任公司印刷　各地新华书店经销
2018年6月第1版　2024年5月第4次印刷
开本：710×1000　1/16　印张：13
字数：149千字　定价：39.80元

前　言

现代社会，随着人们对心理学领域的重视，越来越多的学者们意识到性格对人各个方面发展的影响，也最终断定每个人的性格都是截然不同的。从本质上而言，人的性格特征是由很多因素决定的，例如人对现实的态度，人对人与人之间关系的理解和认知，或者是对人与集体的关系、人与社会的关系等方面的认知等，这些观点和意识都在潜移默化地影响着人的性格。

人的性格并非完全天生的，而只有一小部分取决于遗传因素。除了天生的因素之外，后天成长过程中的家庭环境、成长经历、教育背景以及生活经历和阅历等，都会影响人的性格的形成。需要注意的是，性格处于不断发展变化之中，并不会完全定型，也因此当人们对于自己的性格不那么满意时，还可以采取一定的措施逐渐地改变和完善自己的性格。

性格是多面性的，是立体的。每一种性格都有自己的优势和劣势，我们要想让性格为自己的人生加分，就要学会利用性格的优势，而避免性格的劣势，或者学会把性格的劣势转化为优势。尤其是在进行职业选择的过程中，如果职业与性格不相符合，那么职业发展就会受到限制。

相反，如果想让职业发展得更顺利，那么我们就要选择一份适合自己性格的职业，这样才能在职业生涯中如鱼得水，游刃有余。

在人际关系方面，性格也起到很大的作用。每个人都希望自己能够结识更多的朋友，也希望自己拥有丰富的人脉资源。然而，如果性格不够完善，在与人交往时总是给人带来伤害，那么人际关系就会变得恶劣。当然，我们也没有必要完全为了迎合别人而改变自己，当我们做最真实的自己并且适度宽容和理解他人时，我们就能赢得他人相同的对待。

人们常说，性格决定命运，既然如此，我们为何不通过改变和完善自己的性格而改变自己的命运，主宰自己的人生呢？无论如何，性格的形成都不是一蹴而就的，更不是天生的，每个人都要本着对自己负责的态度了解性格背后潜藏的心理因素，这样才能有的放矢，让自己的性格更加趋于完美，也让自己的人生进展得更加顺利。

编著者

2017年11月

目　录

第01章

探究性格背后的心理密码，了解自己是哪种性格的人

每个人都自以为是最了解自己的人，实际上，他们也是最不了解自己的人。正如一首古诗所说：“不识庐山真面目，只缘身在此山中。”一个人正因为与自己的距离最近，所以也与自己的距离最远，尤其是面对自己变幻莫测的性格时，他们更是无法解码自己的心理密码。所以，每个人唯有探索出性格的密码，才能拨开自己的神秘面纱，也才能熟悉和了解自己的性格，因而有的放矢地主宰人生！

性格决定命运

曾经有人说，性格决定命运。也有很多心理学家和哲学家都曾经指出，一个人能否收获成功而又充实的人生、幸福美满的家庭生活和和谐融洽的人际关系，很大程度上取决于他们的性格。当然，性格是一种非常复杂的人格特质，无法单纯用好坏来形容。实际上，很多性格也许在社交方面占据劣势，而一旦在恰当的时机转入其他方面，很有可能就会变成优势。因而性格决定命运绝非妄言，而是有很深刻的道理的。尤其是在现代社会，人际关系被提升到前所未有的高度，一个人要想从容应对生活，游走于职场，又想收获爱情和友谊，就必须拥有好性格。

毋庸置疑，人人都渴望成功，甚至大多数人做梦都在想着成功。他们渴望主宰自己的命运，驾驶着命运的帆船驶向自己梦寐以求的彼岸，然而他们却又时常感到困惑，因为他们不知道也不了解自己的性格，自然也就无法操控自己的人生。所以要想成功，最重要的是先了解自己的性格，分析自己性格的优点和缺点，然后有的放矢地改善自己的性格，打造自己的优秀品质，从而让自己在通往成功的道路上更加顺遂如意，事半功倍。总而言之，成功人士都有着有利于成功的性格，而作为凡夫俗子的我们，要想改变自己的命运，获得成功，就要改变自己的性格。心从容，方自己，很难想象一个总是与自己较劲的人能够捋清人生之中各种事情之间的关系，因而他们也就不可能获得成功。

性格除了能够改变命运之外，还能改变我们人生的际遇。很多朋友都羡慕身边的人总是能够结交好运，认识贵人，殊不知，那些人并非是突然交了好运，而是因为他们拥有好性格，因而形成了强烈的气场和吸引力，从而为自己吸引到贵人，也就能得到帮助，最后一举成功。

作为新罗的一员大将，高岛的知名度很高。他在战场上叱咤风云，让敌人闻风丧胆，堪称英雄。然而，人们很难想象，就是这样一位虎虎生威的大将，在年轻的时候竟然是一个胆小怯懦的人。在还是士兵的时候，每次上战场，高岛必然会胆战心惊。哪怕敌人比他弱小很多，他也会吓得瑟瑟发抖，甚至仓皇而逃。

一个偶然的机会，高岛被选为公主的侍卫，负责保护公主的安全。有一次，公主遭到他人的诬陷，眼看着就要有性命之忧，因而不得不逃出皇宫，为自己寻找一条生路。作为公主的侍卫，高岛自然被选中护送公主。逃亡的路上，高岛不止一次面对生死的危机，他当然还是很害怕，情不自禁想要退缩和逃跑，然而一想到公主的性命就在自己的身上，因此他不得不战胜内心的恐惧，每逢与敌人狭路相逢，他就拿起武器——大铁锤，与敌人展开贴身肉搏战。最终，因为高岛护送得力，公主成功逃离皇宫，赢得了新的机会。没过多久，公主沉冤昭雪，被重新接回皇宫。刚刚回到皇宫里，公主就重用舍身保护她的高岛。就这样，高岛进入兵部工作，后来又因为在战场上表现得很突出，立下了赫赫战功，因而才成为新罗的左膀右臂。

高岛原本是个堂堂七尺男儿，但是因为性格胆小怯懦，所以每次面对敌人，不管敌人是强大还是弱小，他都表现得胆战心惊。直到迫不得已护送公主逃出皇宫时，高岛才在与敌人奋力厮杀的过程中渐渐地改变了自己的性格，逼迫自己变得勇敢无畏。最终，因为性格改变，原本默默无闻的他得到了提拔和晋升，成为了新罗最器重和仰仗的大将。不得不说，高岛正是因为改变了性格，所以命运才随之改变的。

对于每个人而言，性格就像是一张名片。每个人不管是向别人展示自己，还是想要在交往中认识别人，都要通过性格这张名片迅速给他人留下印象，也对他人形成印象。现代社会中，每个人都是推销员，都要把自己推销给他人，也就更要打造好自己的性格名片，从而尽量争取在第一时间内就给他人留下良好印象。这样一来，与他人的交往才会水到渠成，顺利进展。

唯有自己，对性格和行为毫无察觉

很多人都理所当然认为自己是这个世界上最了解自己的人，实际上，自己同时也是对自己最陌生的人。正如一首古诗所说：“不识庐山真面目，只缘身在此山中。”实际上，人每天都面对着自己折射在镜子中的熟悉的面孔，但等到真的认真去想，却发现自己甚至对自己的所思所想都不那么清晰明确。事实上是，人对自己的性格和行为毫无觉察，也是这个世界上最不了解自身性格和行为的人。

每个人都自以为了解自己，但其实只是了解了内心深处最粗浅的自己。这一则是因为人对于自己看似熟悉实则陌生，二则也是因为大多数人的大部分性格都始终处于沉睡的状态，几乎很少苏醒过来。而在特殊的情况下，一旦这大部分性格都苏醒过来，我们甚至会被自己吓一跳，也会觉得自己是这个世界上最熟悉的陌生人。

日常生活中，人们在进行自我介绍的时候，总是说“我是内向性格”或者“我是外向性格”，实际上，这只是说了自身性格的一小部分，而对于连自己都不了解的大部分性格，任何人也无法对自己进行准确到位的剖析。这也导致了我们对自己的评价往往与他人对我们的评价不同。例如，我们觉得自己慷慨大方、通情达理，但是在他人眼中，我们却是一个小肚鸡肠、睚眦必报的人。当从他人口中听到相对中肯的评价时，我们却无法接受，甚至当即反驳对方“你根本不了解我，我不是你说的那种人”。现实情况是，我们对自己的了解还远远不如他人对我们的了解更深刻，所谓当局者迷，旁观者清，他们站在客观的立场上能够更加深刻地观察我们，从而更好地了解我们的性格。所以不要再一味地指责别人说的都是错的，因为有时别人说的真的比你的自我评价更准确。

当然，也不排除有很多人在不了解他人的情况下，就对他人妄下定论。人的性格就像是海面上的冰山，露出来的只是冰山一角，而冰山的大部分都隐藏在海面之下。正因为如此，古人才劝诫我们“路遥知马力，日久见人心”，就是不希望我们过于仓皇地自认为了解一个人，更不要自以为是地对一个人做出判断。

在人际相处中，每个人都需要从他人那里得到中肯的意见。通常情况下，来自朋友的批评往往是忠言逆耳，虽然听起来难听，但是目的却是为了我们的提升。来自敌人的批评虽然刺耳，也有可能是一针见血的，所以我们也要慎重对待。不管是朋友还是敌人，他们往往会指出我们深层次的性格特征。需要注意的是，如果你身居高位、位高权重，那么一定不要对他人的恭维话过于放在心上。尤其是当对方有求于你或者职位比你低的时候，更要意识到语言的糖衣炮弹作用，千万不要因为对方几句言不由衷的话，就觉得自己真的有那么好，那么完美。否则，当你变得昏头昏脑时，一定会做出让自己追悔莫及的举动。

总而言之，朋友们，你们一定要记住，在这个世界上你们是最不了解自己的人。你们不了解自己的脾气秉性，甚至不了解自己的性格和行为模式。你们看到的自己，只是表现出来的冰山一角的自己，更深刻复杂的你，隐藏在你的心灵深处，等着你去发现和认识它的存在。既然如此，我们当然要怀着“空杯心态”，因为一个人如果连自己都不了解，又如何能够拍着胸脯说自己是哪个方面的专家呢？我们必须跳脱出心灵的怪圈，尽量客观公正地认识自己，尽量摆脱主观因素的限制，如果我们坚持这么去做，就一定会收获意外的惊喜！

性格的九种类型

心理学领域中，有很多测试性格的方法。海伦·帕尔默的《九型人格》一书中的性格分析方法，把人的性格分为九种类型。海伦·帕尔默给人格分类的方法很特别，他是用动物的类型作为区分不同性格类型的表现标准的。诸如，他把人的性格分为海豚型、猎犬型、雄鹰型、天鹅型、猫头鹰型、野兔型、蝴蝶型、狮子型、蚂蚁型等。有兴趣的朋友可以找到《九型人格》一书中的测试方法，对自己进行测试，也可以更进一步了解自身的性格特征，从而有效改善自己性格上的不足之处。

在所有的海洋生物里，海豚对人类是最友好的，因而海豚型性格的人往往喜爱和平，而且很擅长拉拢人心。三国时期的刘备实际上在各方霸主之中并非是最有才华的，但是他却很知人善任，并且三顾茅庐请来诸葛亮为他效劳，因而最终得以形成天下三足鼎立之势。猎犬总是忠诚的代表，猎犬型的人总是尊老爱幼，对待伴侣也非常忠诚。需要注意的是，猎犬型性格的人虽然能第一时间敏锐觉察到他人的需要，但是他们却总是情不自禁地忽略自己的需要。所以猎犬型性格的人总是习惯于默默奉献，如果他们也能更多地关注自身的需要就更好了。

雄鹰一生都展翅翱翔，野心勃勃，因而雄鹰型性格的人也充满野心，精力充沛，尤其喜欢参与各种竞争，也喜欢不断地挑战自己。很多雄鹰性格的人都会取得成功，这是因为他们的内心深处不甘于平庸。天鹅型性格的人带着忧郁的浪漫主义情结。他们之中大多数人会成为很优秀的艺术家，也常常沉浸在自己的世界中无法自拔。他们很高贵，也很孤独，他们很浪漫，但又让人觉得难以捉摸。天鹅一生爱自由，天鹅型性格的人也总是不愿意受到拘束，更适合于自由浪漫的生活。

猫头鹰型性格的人一定是非常理智冷静而且善于思考的。每当夜深人静的时候，也就是猫头鹰展开行动的时候，猫头鹰型性格的人往往非常沉稳而又内敛，在没有充分的证据之前，他们不会轻易发表自己的看法，而是保持理性低调，同时又以一双锐利的眼睛审视着这个世界。像野兔一样，野兔型性格的人很精神，而且野兔型性格的人对于一切都保持怀疑的态度，因为在没有看到真正的结果之前，他们甚至不愿意相信自己的眼睛。野兔型性格的人，往往带着戒备的态度面对这个世界，因为内心的虚弱，他们也更加缺乏安全感，甚至经常生活在恐惧之中。野兔型性格的人往往比较悲观，当对一件事情做出预测的时候，他们宁愿做出最坏的打算，也不愿意把事情想得过于乐观。当然，当事情不会变得更糟糕时，这种做法无疑也是最为安全可靠的，这就是野兔型性格的人追求的安全感。

人人都喜欢漂亮的蝴蝶，因为蝴蝶总是在天气晴朗的时候，出现在百花争奇斗艳的花圃中。对于蝴蝶型性格的人，他们似乎从来不知道什么是忧愁和烦恼。他们总是翩然起舞，对待一切事物都怀着最乐观美好的心态，从这个角度而言，蝴蝶型性格的人是天生的人际交往高手，总是能在社交场合游刃有余，从容不迫。狮子型性格的人天生带着王者的风范，不怒自威，而且总是主动照顾弱小，伸张正义。狮子型性格的人天生适合当领导者，他们性格豪爽，从不因为小事情而烦恼，而且他们有强烈的正义感，也有极强的自律力。

九型人格的最后一种，是蚂蚁型性格的人。毋庸置疑，蚂蚁是最勤劳的动物，而且他们的团队内部有着严格的纪律。虽然蚂蚁总是成群结队地出现，看起来密密麻麻的毫无秩序可言，但实际上，蚂蚁纪律严明，最注重条理清晰、遵纪守法，也最勤劳肯干。这样看来，蚂蚁既是大自然中最追求完美的计划者，也是最严格遵守规则、富有执行力的执行者。蚂蚁型性格的人，也总是表现出从容不迫的人生气度，不管做什么事情都有条不紊。

从对九型人格的简单分析，朋友们会发现每一种性格都各有利弊。当我们深刻认识到自身的性格，也能够分析清楚性格的优势和劣势所在，那么我们就能有的放矢地提升和完善自己。当然，这九型人格也并非是完全独立存在的。这就是说，一个人不仅仅有一种性格，而是会以一种或者两种性格为主，而以其他某几种性格为辅。所以一个人要想认识、清楚自己的性格也绝非简单容易的事情，一定要用心分析，才能对性格的认识入木三分。

优势与劣势的相互转化

大多数朋友对于性格的认知都过于死板，总觉得自己是某种性格的人，就注定了难以逃脱这种性格的劣势。也有些朋友为此沾沾自喜，觉得自己是狮子型性格的人，就注定要成为天生的领袖人物。其实不然。不管是天鹅型性格的人，还是狮子型性格的人，性格与所表现出来的行为都不会完全一致。这是因为人生的发展受到很多因素的影响，而性格也就无法成为决定性因素。

在大自然中，每天都在上演着激烈的竞争。在人世间，这样的竞争又何曾停止过。在这个世界上，并没有什么事情是绝对的，包括人的优势和劣势，也不是绝对的。很多人因为拥有优势而沾沾自喜，得意忘形，结果优势变成了劣势，甚至成为致命的打击。假如一个人面对自己的劣势小心翼翼，始终都在寻找合适的机会把劣势变成优势，那么他至少能够保证劣势不给自己的发展拖后腿，也说不定终有一日得偿所愿，把劣势变成了优势。世界上的万事万物都在不断地发展和转化之中，任何优势和劣势也是如此。最悲惨的事情，莫过于一个骄傲的人败在自己的优势之上。

1965年，在美国纽约，举行了世界台球冠军赛事。在比赛中，台球老将路易斯一开始进展顺利，频繁得分，眼看着距离世界冠军只有一步之遥。与他对决的约翰根本不是他的对手，不管是在球技，还是在比赛经验方面，都与他相差很远。然而，正当大家都觉得路易斯赢得世界冠军理所当然也轻而易举之时，却发生了一件让人意想不到的事情。

路易斯击球时，看起来非常轻松，他的心情大好。然而，正当他要击球时，一只苍蝇不知道从哪里飞到比赛场上，落在主球上停留下来。

刚开始时，路易斯对这只苍蝇完全不放在心上，毕竟他已经是板上钉钉的世界冠军了，因而他很从容，毫不在意地挥了挥手，把苍蝇赶走。当路易斯调整好姿态，再次准备击球时，苍蝇似乎故意逗弄路易斯，一看到路易斯俯身做出击球的动作，就没有眼力见儿地再次落到主球上。无奈之下，路易斯只好停止击球的动作，又开始挥手驱赶苍蝇。

接下来的时间里，这只苍蝇似乎是命运之神专门派来和路易斯作对的，只要路易斯附身想要击球，它就再次落到主球上。看到苍蝇魔怔了，台下的观众们发出笑声，路易斯突然情绪失控，再也不能从容淡定，而是生气地拿起球杆击打苍蝇。出乎他的预料，也许是因为愤怒让他没有控制好动作，导致球杆触动主球。众所周知，只要球杆触碰到主球，路易斯就相当于已经发球。就这样，路易斯失去了发球的机会，变得非常懊丧，甚至完全无心进行接下来的比赛。从此之后，路易斯就被噩运缠绕，导致比赛接连失利。约翰抓住这个千载难逢的好机会乘胜追击，表现突出，最终赢得了世界冠军。一只苍蝇，就使得路易斯与世界冠军失之交臂，然而悲剧到此还远远没有结束，次日，在路易斯入住酒店附近的河流中，人们发现了路易斯的尸体。这个倒霉的路易斯，不但因为一只苍蝇与世界冠军失之交臂，还彻底失去了生命，成为了被苍蝇打败的失败者。

一个世界冠军的生命，就这样被一只可恶的苍蝇彻底葬送了。听起来，这让人觉得难以置信，然而在现实生活中，很多人都会因为性格原因，导致情势急转。假如路易斯能够战胜内心的焦虑和愤怒，更加积极主动地面对失利的局面，也许未来的他还会赢得更多的世界冠军。不得不说，他的骄傲使他变得脆弱，也使他变得不堪一击。由此可见，对于性格优劣势的调整应该随时随地、审时度势地进行，就像人的心情也需要不断地调整才能保持愉悦是同样的道理。

对每个人而言，应该在保持性格优势的同时，努力减少劣势性格所带来的影响。上述事例中，假如路易斯知道自己的性格比较暴躁，无法保持稳定的情绪，因此需要刻意调整心态，那么等待着他的也许不是这么彻底的失败。整个世界都处于发展和变化之中，每个人性格中的优势和劣势也要与时俱进，保持变化。否则，人们就无法及时转化性格的优势和劣势，也会因此而一败涂地。

对内向者和外向者的性格误解

一直以来，人们都把性格简单粗暴地分为内向和外向。然而，这种简单的分类根本不能概括性格的复杂性。在整个大自然界中，人类是万物的灵长，是天地的主宰。人之所以区别于动物，除了人可以用火加热和煮熟食物，以及制造工具之外，还因为人能够追寻自身的意义，从而不断地深入挖掘和了解自己，也不断地展开对自身历史的探索之旅。

早在古希腊时期，大名鼎鼎的医生希波克拉底就曾经利用医学的知识，把人的性格进行了分类。他认为，人类的性格可以分为胆汁质、多血质、粘液质和抑郁质。此后，更有很多的学者和专家依据不同的标准对人类的性格进行了分类，这恰恰告诉我们，在整个历史长河中，人类从未停止过对自身的探索。然而，时代发展到今天，那些基于各种理论的性格分类方法都被渐渐地遗忘了，在日常生活中，人们还是习惯于把性格简单地分为内向型和外向型。在大多数人心中，内向者都是沉默寡言的，很少说话，而且特别自卑、胆怯和害羞。而外向者则恰恰相反，他们生而就是外交家，不管走到哪里都能以积极乐观的性格赢得人们的喜爱，也能够在人群密集的场合瞬间为自己找准位置。他们就像是社交场合中的一颗明星，无论置身于何处，都能散发出璀璨的光芒。不得不说，这是对于内向者和外向者的性格误读。

实际上，瑞士心理学家荣格最早提出内外向性格的理论，而他对人类性格进行内外划分的初衷，与我们今日对于内外向性格的理解截然不同。荣格认为，每个人的身上都同时存在内向的力量和外向的力量。而内外向性格在人的发展中所起到的作用也截然不同，内向的人格力量主宰人的心灵，而外向的人格力量则会不断扩展、丰富人的外在表现，促进人与外部世界发生联系。而当内外向两种力量不均衡，且其中某一种力量占据优势时，我们就会更加明显地表现出一种性格，或者内向，或者外向。但是，这只是说明内外向中某一种力量占据了优势而已，而不是说我们身上并不存在另一种力量。也就是说，内外向的人格力量在人身上是交融存在的，彼此共生的，而并非是一对矛盾的力量。从这个角度而言，一个内向的人很有可能内心隐藏着热烈奔放的一面，一个外向的人也时常会在人多热闹的场合觉得非常寂寞，甚至无所适从。

需要注意的是，如果没有内在的个性力量，那么外在的个性力量也会失去动力和来源。这是因为一个人唯有首先专注于内心，才能获得由内而外的力量，才能使生命拥有源源不断的动力。通常情况下，性格内向的人往往表现出专注的力量，他们更能够静下心来按照自己的所思所想去做事情，而不会冲动地做出让自己懊悔的事情。外向的人则能够与外界取得更好的联系，他们有很多朋友，也很善于发展人际关系，而且他们一旦有了想法就会马上去做，绝不让自己的想法变成空想。从这个角度而言，不管是内向型还是外向型性格，都各有利弊，而且内在的人格力量和外在的人格力量在他们身上也是互补的。内向者就像静水流深，外向者就像河流奔腾不息，所以内向者的朋友少而精，他们探索问题绝不会浮于表面，而是尽可能透过现象看本质。这就告诉我们内向者并非是胆小怯懦的代名词，他们只是不愿意张口就来，而是更富有责任心和沉静的力量而已。

很多细心的朋友会发现，如果内向者遇到与自己志同道合的朋友，他们马上就会滔滔不绝、口若悬河，甚至比外向者更具有演讲家的天赋。当然，也有一些内向者是宽度型的。这使他们更注重交往的范围，也更喜欢表达自己的想法，从而得到更多的反馈。对于宽度型的内向者而言，他们喜欢生活丰富多彩，富有变化性。

总而言之，不管是内向型性格还是外向型性格，都各有利弊。每种性格的人都应该更加了解自己的性格，分析自身性格的优缺点，从而才能扬长避短，取长补短，使自己得到更好的发展。

认识性格，才能完善性格

画过无数个鸡蛋的达芬奇一定知道，虽然每个鸡蛋看起来大同小异，相差无几，但是实际上每个鸡蛋都是这个世界上独一无二的存在，都是不可替代的个体。当这些鸡蛋被孵化成小鸡仔，它们的人生又会相差迥异，截然不同。我们每个人又何尝不像一个个鸡蛋呢，作为一个生命个体，每个人从出生开始就表现出独特的性格特征，也表现出不同的优势和劣势。没有任何教育方法能够把生命个体统一，因为生命的本质就是有所区别。在这种情况下，我们当然要认识自己的性格，从而不断地深入自己的内心，确定人生的走势，也要想方设法完善自己的性格，逐渐将自己的性格定型，最终成为与众不同的存在。

大雕塑家米开朗基罗的每一件雕塑作品都是独一无二的，这是因为每个雕塑作品使用的材质都是不同的。即使有两件雕塑作品使用了同一块石头，但因为部位的不同，石头的纹理也就不同。人的性格又何尝不像雕塑的材质，也许可以复制，但是每一件都终究会成为真品，而不可能变成赝品。这是因为每一个人的性格都各不相同，每一个人都是这个世界上独一无二的存在。细心的朋友们会发现，哪怕是一母同胞的双胞胎，虽然长得一模一样，让大多数人都认不出来，但是他们的性格却完全不同，甚至有可能完全相反。这就注定了每个人都有必要认识自己的性格，从而才能不断地完善自己的性格，也让自己的人生因为性格变得与众不同。

法国曾经有一位作家把性格比喻成每个人与生俱来的外衣，正是这件外衣让我们与他人有了本质的区别。中国四大古典名著之一《水浒传》之所以流传至今依然不能被超越，就是因为它刻画了栩栩如生的108个梁山好汉。同样作为中国四大古典名著之一的《红楼梦》，其中丫鬟小姐无数，但每个丫鬟的性格都是饱满的，栩栩如生的，这也正是《红楼梦》成为一种经典从而被不断研究的原因。

那么，我们如何才能了解自己的性格呢？前文说过，可以采取测试的方法看看自己属于九型人格中的哪一种。当然，性格有很多划分的标准，也可以采取其他的测试方法，全方位地认识自己的性格。不管测试的结果是什么，我们都无需为自己的性格担心。因为性格虽然会受到遗传因素的影响，但家庭、教育和环境等因素也会影响性格，因此我们能够不断地通过后天塑造性格。哪怕性格方面存在巨大的缺陷，只要我们意识到的缺陷的存在，也愿意积极地改善和完善自身的性格，性格就会得以改变。相反，如果一个人明知道自己刁钻任性，却从来不愿意委屈自己，更不想改变自己，那么他的任性一定会变本加厉，直到他成为孤家寡人，身边连一个朋友都没有。

探寻性格，只是塑造性格的第一步，要想真正改变性格，我们不但要有美妙的设想，更要有勇气把设想变成现实。当然，我们在认识自身性格的时候也必须意识到，每个人的性格都是生动立体的，而不是一个毫无变化的平面。即使在同一时期，一个人的性格也不可能完全呈现出单一的特点，而是会以某种性格为主，再以某几种性格为辅。随着时间的流逝，我们经历的越来越多，性格也在不断地发展和变化，所以认识自身性格时，我们还要采取与时俱进的眼光，这样才不会把性格模式化和固定化。

朋友们，不妨把自己设想成为米开朗基罗，如今的你必须寻找到最合适的材质，从而才能不断地提升和完善自身的性格，也才能真正把握命运，成为人生的主宰！

第02章

审视自己，看到那些自己察觉不到的性格和行为

很多人对自己日常做的事情和各种行为表现，总是无知无觉，因为他们已经形成习惯，例如有些人撒谎张嘴就来，有的人总是烦躁不安，有的人说起话来就像打机关枪，特别冲，到底人们为什么会这样呢？如果想要了解自己言行举止内在的深层次原因，我们就要更加理智地审视自己，从而有意识地观察自身的言行举止，了解这些言行举止背后真正的性格原因和心理原因。

我为何要欺骗别人

生活中，总有些撒谎成性的人，他们似乎一张口就有一个谎言，根本不用过多地思考和琢磨。因而，我们形容他们撒谎张口就来，把撒谎当成是说话，也指责他们内心缺乏责任感，是个不值得托付的人。实际上，心理学家曾经经过调查发现，每个人每天都会撒谎，而之所以有些人标榜自己从来不撒谎，是因为他们丝毫没有意识到自己在撒谎，并且对自己的撒谎行为完全无知无觉。

为何每个人都要撒谎呢？难道人与人之间相处的首要原则不是真诚吗？实际上，撒谎作为一种行为表现，其背后隐藏着性格上和心理上的原因。通常情况下，一个人虚荣心越强，越爱面子，越对他人心怀警惕和戒备，他们也就越是容易撒谎。不过，撒谎也未必都是欺骗的性质，现实中，有些人撒谎是出于好心，这种谎言属于善意的谎言，而有些人则是恶意欺骗他人，谋害他人。还有些人意识不到自己在撒谎，反而觉得自己只是说话比较夸张而已，目的是为了起到更好的表达和渲染效果。毫无疑问，最后这种情况下，撒谎的人一定有着强烈的虚荣心，所以他们习惯性地夸大其词，以便赢得他人的羡慕。

除了恶意撒谎和善意的谎言以外，大多数人撒谎都是以夸张的方式进行的。这是因为夸张的方式可以起到夸大其词的效果，而且能够最大限度地抬高自己，让自己高高在上，也满足自己的虚荣心。虚荣心越强的人，当现实情况无法真正满足他们的虚荣心时，他们就越容易彻底放弃努力，转而使用夸张的方式来引起他人的关注，满足自己空虚的内心。随着夸张的次数不断增多，他们最终习惯性地把夸张的表达方式运用于所有的语言场合，最终他们会撒谎成性，丝毫意识不到自己正在撒谎。他们之中的有些人，在撒谎欺骗别人之后，自己也会把自己的谎言当真。不得不说，他们的谎言实在已经达到出神入化的地步，所以他们不仅能骗过他人，也能骗过自己。在心理学上，有一种描述这种现象的专用名词，那就是虚言症。患有虚言症的人会把想象和现实搞混，甚至连自己也分不清自己所说的哪句话是真，哪句话是假。

十年前，小米五十岁，正值中年，上有老，小有小，生活压力很大。但是她的老公却是个酒鬼，每天除了喝酒就是喝酒，喝醉了就发酒疯，打人骂人，搅和得整个家都没法过了。小米甚至想到了死，但是又放不下两个孩子。后来，小米的大女儿从师范院校毕业后，背起行囊去了北京打拼。才一年多，她就把爸爸妈妈也接到北京一起生活，还让弟弟去了北京的一所民办学校读本科。

就这样，小米全家人团聚了。她的老公也找了一份工作做，因为在北京人生地不熟，他的酗酒情况有所好转。后来，女儿买了房子，儿子也上了大学，小米和老公就去给女儿带孩子。转眼之间，十年过去了，女儿和女婿感恩爸爸妈妈辛苦带孩子，给他们单独买了一套房子。从此之后，小米再给老家的亲戚朋友打电话时，或者是回到老家遇到熟人时，就会不停地吹嘘她的女儿女婿多么好，他们在北京的生活多么好。原本，小米就算照实说也足以引人羡慕，但是她这么多年来因为家境贫困，总是使用夸张的方法与他人交流以勉强支撑起自己的面子，所以她已经无法改掉夸张的表达方式。甚至有段时间，小米还告诉别人女儿女婿还要给她的儿子也买套房。这样的谎言显而易见已经夸张得让人无法相信了，但是小米自己却信以为真，还常常问女儿什么时候兑现承诺呢！

事例中的小米原本生活艰难，为了维护自己的面子，她不得不夸张地和别人交流。日久天长，她就患了虚言症。她吹嘘女儿女婿给他们老两口买房子，还撒谎说女儿女婿还会给小舅子买房子。最终，她把现象和现实搞混，误以为女儿女婿真的说过给小舅子买房子的话，所以才经常询问女儿何时兑现承诺。毋庸置疑，虚言症对于人的身心发展是没有好处的。如果说普通的谎言是为了欺骗别人，那么虚言症患者则是在利用谎言欺骗自己，让自己混淆想象和现实。

人，归根结底还是应该尊重现实的。尤其是在现代社会，要想拥有良好的人际关系，要想立足于社会，一味地撒谎是不行的。常言道，纸是包不住火的。一旦谎言被戳穿，那么我们再说真话也就没人相信了。所以我们要像爱惜自己的眼睛一样爱惜诚信的名誉，这才是我们做人做事的立足之本，也能帮助我们获得长远的发展。

点菜恐惧症因何而生

心理学领域对选择困难症患者有一个专有名词，叫作“选择恐惧症”。的确，选择困难的人群不但比常人需要更长的时间才能做出选择，而且他们在面对选择的时候还往往会感到恐惧。这是因为他们没有信心和勇气当机立断，也是因为他们对于选择的结果抱有过高的期望，所以他们很担心自己一旦失败，就再也没有机会重新选择。除了恐惧之外，还有些选择困难的人是因为过于贪婪，所以才无法做出准确的取舍。正如古人所说，鱼我所欲也，熊掌亦我所欲也，鱼与熊掌不可兼得也。在这种情况下，到底是舍弃鱼还是舍弃熊掌，就会让选择恐惧症患者进退两难。

当然，大多数人的选择恐惧症并没有发展到特别严重的程度。他们之中大多数人只是选择的时候需要花费更多的时间，或者需要询问更多人的意见而已。诸如很多人去饭馆点菜，面对饭馆的招牌菜，他们很想要；面对老板推荐的菜，他们也不想错过。最重要的是，他们还想点一些自己和朋友喜欢吃的菜。如此一来，菜量未免就太大了，为了避免浪费，也为了节约金钱，他们不得不从这些菜中艰难地取舍。有些人能够权衡利弊，果断做出选择，而有的人则总是犹豫不决，甚至因此而彻底放弃那些不好选择的菜，最终点了一些完全不相干的菜。不得不说，这是重度选择恐惧症患者的逃避行为，既然没有选定预期的菜，点菜者也就不会面对失败。

有的时候，很多朋友们一起出去吃饭，也许会采取轮流点菜法，让每个人都点一道自己喜欢吃的菜，然后再随便加一些特色菜，就比较圆满了。对于选择恐惧症患者而言，这无疑是一个卓有成效的好办法，因为既然决定不是他一个人做出的，他也就无需独立承担点菜失败的责任。总而言之，人的本性就是趋利避害，每个人都只想成功而不想失败，这也正是有些人面对菜单上琳琅满目的食物时无法做出点菜决定的原因。

每次和男朋友一起去吃饭，琳达都很发愁点菜的问题。男朋友从不点菜，因为他总说自己吃什么都行，这样一来，点菜的重任就落到琳达身上了。偏偏琳达是个选择恐惧症患者，哪怕是在男友对于菜品没有任何要求的情况下，她也总是犹豫不决。

看到店长推荐，她总觉得不尝一尝似乎有些遗憾。面对当日的优惠菜，她也不忍心放弃。她既想吃水煮鱼，又想吃毛血旺，还想吃松鼠桂鱼，这样一来，菜根本吃不完。到底吃哪个呢？无奈的琳达问男朋友，男朋友依然不置可否，她只好继续痛苦地面对权衡和取舍。有的时候，都已经进入饭馆半个小时了，琳达的菜还没有点好。这种情况下，她不得不求助于男朋友："水煮鱼、毛血旺和松鼠桂鱼，你到底想吃哪个？"等到男朋友给出答案，琳达才觉得如释重负，赶紧喊来服务员下单。

琳达是典型的选择恐惧症患者，她之所以难以做出选择，就是因为她很贪婪，想把每种有特点的菜都吃到嘴里。如果琳达能够减小自己的欲望，告诉自己这次只能吃一种美食，那么她也许就不会这么犹豫纠结，恨不得把所有的菜都点上了。

毋庸置疑，面对无从选择的状态，人的内心是非常纠结的。实际上，点菜是个小问题，哪怕这次点了一道菜很失败，下次只需要避开这道菜即可。从这个角度而言，选择恐惧症患者之中有很多完美主义者，他们不能接受任何微小的瑕疵，总是对结果抱有过度的渴望，所以他们才会在面对选择时进退两难，举步维艰。

做事为何虎头蛇尾

心理学家经过研究证实，大多数人在先天方面的条件其实相差无几，而人与人之间随着不断地成长和发展，之所以差距越来越大，是因为人们在后天的坚持和努力不同。大多数成功者并非得到了命运的青睐，相反，他们会遭受更多的挫折和磨难，而他们能够坚持，会在感到绝望和沮丧的时候，依然坚持不懈地努力。正是由于这样坚韧不拔和做事情有始有终的精神，才让他们与成功结缘。

如今，很多人都知道坚持的重要性，但是坚持说起来容易做起来难，所以他们依然会在坚持的过程中选择放弃，甚至有些人才刚刚开始坚持，就三天打鱼两天晒网。正所谓有志者立长志，无志者常立志。就以现在社会上最普遍的肥胖现象为例吧，也许有人觉得肥胖是个简单随性的问题，还有的人自诩就喜欢胖乎乎的。实际上，大多数肥胖者都是因为缺乏毅力，无法控制好自己的嘴巴，并且不能坚持运动，最终才导致赘肉横生。相反，那些能够严格控制自己体重的人，要付出顽强的毅力，才能保证自己不超标饮食，也不为了一时的口舌之欲就影响身体健康。相信看到这里，很多朋友都会反思自己：我的意志力为何如此薄弱呢？我到底能够坚持多久不放弃呢？当意识到自己的确意志消沉，也无力改变现状之后，他们一定会怀疑自己，对自己失去信心。

对于没有长性的人而言，坚持不懈地做好一件事情，的确很难。因为他们缺乏意志力，而且缺乏坚韧不拔的精神。但是也需要注意，不能因为自己没有长性就讨厌自己，因为每个人的脾气秉性都是不同的。前文我们曾经说过，一部分性格会受到遗传的影响，是天生的。但是性格也会在后天成长的过程中受到很多因素的影响，诸如家庭环境、教育背景、人生阅历等。因而对于性格，只要人们想改变，还是可以不断完善的。尤其是当发现自身的性格弱点时，还可以有意识地取长补短，扬长避短，从而让自己的性格越来越完善，也能让自己的人生取得越来越好的发展。

大学毕业十年后，刘强成为了一个大腹便便的大胖子。同学聚会上，很多人都认不出他来，也有的同学提醒刘强悠着点儿，不要影响健康了。对此，刘强不以为然。然而，自从同学聚会之后没多久，刘强就被查出患有重度脂肪肝，已经导致了高血压、高血脂，这时刘强突然间意识到减肥迫在眉睫。从此之后，他戒掉烟酒，低脂饮食，再也不敢乱吃了。而且，此前已经习惯了夜夜笙歌的刘强，每天傍晚早早地吃饭，然后坚持进行体育锻炼。

一年多下来，刘强顺利减掉三十斤赘肉，虽然整个人还没有恢复到大学时期精明干练的模样，但是浑身显得轻松多了。同学们再次见到他后，依然大吃一惊，不知道刘强是怎么把肚子弄没的。刘强笑着说："为了家人啊，我成为三高人群后感觉最对不起的就是他们。所以为了他们，我必须戒掉不良的生活习惯，给父母一个健康的儿子，给妻子一个强壮的爱人，给孩子一个值得依赖的父亲。"同学们全都对刘强竖起大拇指。

一个人只要下定决心，有毅力坚持下去，就能做成很多事情。的确，坚持是很难的，越是在艰难的情况下，人们越难逼迫自己坚持不懈。而只有发自内心的驱动力，才能让人们心甘情愿地努力，绝不放弃。减肥除了是考虑健康的因素之外，诸如爱美或者避免受到他人的嘲讽等，都是很好的理由。总而言之，不管坚持做什么事情，唯有出于内部动机，我们才能无怨无悔地坚持下去。

除此之外，要想坚持，还应该得到积极正面的评价。人是群体性的动物，大多数人都非常在乎他人的看法和评价。如果在坚持之后，能够及时得到来自外界的鼓励和认可，那么人们坚持的力量就会更强。当然，这样的评价并非完全来自于他人，我们自己也可以给自己正面的评价，这样才能避免半途而废，也才能最终获取梦寐以求的结果。

我为何总是缺乏自信

众所周知，自信是人们获得成功的前提条件。一个人如果从来不相信自己，总是质疑和否定自己，那么哪怕再努力，具备再多成功的条件，也总是很难成功地突破自我。正如一位名人所说，每个人最大的敌人就是自己。而不自信就像是人们内心深处的囚牢，总是使人变得万分沮丧，甚至根本不知道怎样才能在人生之中取得质的飞跃和突破。

也许有些朋友会问：到底什么才是自信呢？所谓自信，顾名思义就是相信自己，认可自己，而且经常给予自己正面的、积极的评价。从心理学角度而言，自信与自尊等品质之间有着密不可分的关系。自信是一种自己给予自己的认可和力量，它并不因为他人的评价而发生改变，因而自信就是每个人从纯粹主观的角度给予自己的一种认可和正面评价。与自信相对的是他信。所谓他信，就是因为他人的正面评价使自己产生信心，也是因为他人的杰出表现而相信他人。这个定义一方面是从信心的来源阐述的；另一方面是从认可的对象阐述的。毫无疑问，自信是可以依靠的人生支柱和力量源泉，而他信主要借助于他人产生，往往是不够可靠的。一个人经历过的事情越多，人生经验越丰富，他们就更加拥有自信。尤其是在得到很多成功的经验后，他们的自信更会暴涨，从而让他们更加相信自己，也确定自己能够做到兵来将挡、水来土掩。

此外，一个人是否自信，与他的性格也有很密切的关系。同样的情况下，外向乐观的人更自信，因为他们总是充满勇气，敢于尝试各种新鲜的事物，也敢于主动挑战各种从未做过的事情。当缺乏自信者因为害怕失败而畏缩不前时，他们却因为自信而开始努力尝试。和止步不前的人生状态相比，哪怕失败也是莫大的进步，因为人们至少可以从失败中汲取经验和教训，从而让未来的尝试拥有更多切实可行的经验可以借鉴和采用。害怕失败的人就像契诃夫笔下的套中人，总是把自己隐藏在套子里，从来不敢探出脑袋观察外面的世界。正因为这种胆小怯懦的心态，使得他们更没有信心去获得成功。由此一来，他们也就陷入了恶性循环，不断地在失去信心、失败和无所作为之间徘徊。

大宋已经年近四十了，家里有一双可爱的儿女和能干的妻子，因而他对于生活非常满足。他是从事二手房销售工作的，已经有十几年的从业经验了。然而，因为银根收紧，也因为房地产市场的政策不断收紧，所以他的绩效越来越差，最糟糕的时候一个月只能拿到两三千块钱。这种情况下，家里还有月供和孩子要养活，只靠着妻子一个人努力挣钱，根本入不敷出。

看到房地产市场的严峻形势，妻子不止一次撺掇大宋辞掉工作，改行做其他的工作。对此，大宋却毫无信心，总是反问妻子："我还能做什么别的工作呢？我什么也做不了啊。而且，我对其他行业一窍不通，说不定情况会更糟糕的。"就这样，在一年多的时间里，大宋总是以这样的话搪塞妻子，渐渐地，妻子对大宋也失去了信心，不愿意再多费唇舌去说服大宋了。

因为经营不善，没过多久，公司就倒闭了，大宋也彻底失业了。在此期间，大宋不得不尝试着找新工作。这时正值滴滴的生意越来越好，所以大宋不得不暂时开起了滴滴，成为了一名兼职滴滴司机。出乎大宋的预料，一天的时间下来，他居然净挣五百多元。这使大宋感到非常兴奋，他告诉妻子："原本，我以为自己一旦辞职就什么也干不了了，但是现在看来，我还可以开车啊。这就好，我再也不怕失业了。"妻子不以为然地说："我早就告诉过你我们单位的同事的老公开滴滴车，并不比上班差，但是你却丝毫听不到耳朵里。所以一拖再拖，导致咱们家这一年多花光了所有的积蓄，就因为你不愿意离开那个破公司。"大宋不好意思地笑了笑："我以前不是觉得自己年纪太大了，不可能改行么！"妻子说："摩西奶奶七十六岁才拿起画笔开始当画家，后来还在全世界范围内举办画展。你和摩西奶奶相比，还是个愣头小伙子呢！"就这样，大宋一边找工作，一边开滴滴车，渐渐地他也越来越喜欢开滴滴车的工作了。他决定，如果没有更好的选择，那就开一段时间滴滴车，这样也能减轻妻子的压力。

在这个事例中，大宋之所以迟迟不愿意做出改变，就是因为他觉得自己年纪大了，对自己缺乏信心。实际上，人生不管何时开始都不算晚。尤其是当生活窘迫的时候，一味地留在原地踏步并非好的选择。常言道，人挪活，树挪死。任何人面对生活时都要始终保持动起来的姿态。否则当生活变成一潭死水，还有任何改变的可能性吗？

对于人生而言，最可怕的不是陷入困境，而是陷入困境之后失去自信，因而导致自己缺乏信心，一蹶不振。需要注意的是，凡事过犹不及，当一个人过度自信、自以为是，他们也会因为盲目自大而忽略细节，从而铸成大错。尤其需要注意的是，很多狂妄自大的人还会给人以不可一世的感觉，导致人际关系恶劣，这恰恰也是成功的绊脚石，会导致成功姗姗来迟。所以聪明的朋友们都知道，唯有保持适度自信，才能让自己从容把控人生，获得成功。

焦虑为何挥之不去

很多现代人都会陷入焦虑之中无法自拔，这是因为现代社会生活的压力越来越大，工作竞争也日渐激烈，所以才导致每一个现代人都无法脱离自身的困境快乐地生活。由此可见，焦虑挥之不去，很大程度上是因为外界的重重压力导致的。当这些压力作用于我们的内心时，我们当然会感到紧张不安，焦虑烦躁。

很多朋友都因为焦虑而影响生活的质量，他们的焦虑挥之不去，被焦虑紧紧地缠绕着。例如，有的人因为去饭馆吃饭的时候上菜太晚而焦虑，有的人因为一年之后要买房而焦虑得寝食不安，有的人因为孩子学习成绩不好而焦虑，有的人因为担心明天和意外不知道哪个先来而焦虑。实际上，这些焦虑之中到底有多少是切实需要焦虑的呢？曾经有心理学家针对人们焦虑的状态进行过实验，发现大多数人的焦虑根本毫无意义。心理学家把人们集中起来，让他们分别在自己的纸上写下焦虑的内容。然后，心理学家把这些焦虑的纸收集起来，等到一段时间之后，他再将人们集合起来，并且把写有焦虑内容的纸按照姓名的标识分发给他们。心理学家提醒人们看看自己曾经的焦虑，并且调查有多少人曾经焦虑的事情已经真正发生了。事实证明，大多数人的焦虑都是空穴来风，从未发生过，而且以后也不会发生。只有极少部分焦虑实实在在发生了，但是那些人焦虑的事情并没有真正起到恶劣的影响，或者导致严重的后果。从心理学家研究的结果我们不难意识到，绝大多数的焦虑都毫无意义，我们与其因为焦虑浪费宝贵的时间，不如坦然放下那些还没有发生的焦虑，让自己全心全意地享受当下这一刻的幸福和快乐。

学会放下，才能真正摆脱焦虑。此外，我们还要学会坦然面对昨日的历史，也要从容应对尚且没有到来的明天。要知道，一切事情的发生都并非是单一的因素导致的，我们焦虑的事情也需要很多因素综合发生作用，才能真正发生。所以与其为了尚且没有发生的事情焦虑，还不如静下心来享受这一刻的平静和快乐。每个人的人生都只有三天的时间，即昨天、今天和明天。我们唯有过好此刻把握的每一个今天，才能拥有充实的昨天，也才能拥有美好的明天。活在当下，你就不会因为焦虑而迷失在生命之中。

在深山的寺庙里，有一个老和尚和一个小和尚。秋天到了，树叶黄了，叶子一片一片地飘落枝头。老和尚让小和尚早晨起来清扫院子，小和尚遵命而行，每天早晨都早早起床，清扫院落，把落叶归到一处。

然而，随着深秋的逼近，落叶一天比一天多，有的时候小和尚还没扫完整个院落，已经清扫干净的地方就会有新的叶子飘落下来。小和尚苦恼不已，他暗暗想道："我不停地扫，树叶不停地落，何时才能扫完呢？"突然，他脑海中灵机一动，说："哎呀，我为何不把所有的树叶都摇下来呢，这样我就可以一次性把落叶扫完了！"想到这里，小和尚马上丢下扫帚，抱着树干使劲儿地摇晃起来。正在此时，老和尚看到小和尚的举动，纳闷地问："徒儿，你在干什么？"小和尚把自己的想法告诉老和尚，老和尚哑然失笑："你只管扫今天的落叶就好，为何还要惦记明天的落叶呢！你的心不清净，所以才会连一片叶子也容不下啊！"老和尚的话让小和尚恍然大悟，从此之后，小和尚只专心地清扫当天的落叶，再也不因为明日的落叶而苦恼了。

事例中的小和尚此前因为黄叶不断地飘落，内心是焦虑不安的，为此他才会绞尽脑汁想出所谓的好办法，那就是把所有的树叶都摇晃下来，一次性清扫干净。而老和尚的话一语中的，如果小和尚没有淡然从容的心境，哪怕把树叶都摇晃下来清扫干净，他的心中也依然会有一片落叶。

对待人生，很多人都像小和尚一样，总是希望用尽所有的力量解决完一切的问题，然后就可以尽享岁月静好。实际上，人生是由接连不断的挫折和磨难组成的，任何人都不可能拥有一帆风顺的人生。适度地忧虑是未雨绸缪，而过度地忧虑则成为杞人忧天，反而会因为心思的焦虑不安导致事情朝着恶劣的方向发展。人人都知道人生苦短，却很少有人能够真正做到享受人生。唯有内心里真正放下，也不要对于人生有太多的预期，才能得到好的结果，也才能收获人生的幸福与圆满。

我为什么追求名牌

现实生活中，很多人都追求名牌，甚至有些人哪怕自身的经济实力达不到，买不起真正的名牌，也会给自己买假名牌，好让自己过过名牌的瘾。为何人们对于名牌有着如此强烈的渴望呢？有些人不仅衣服鞋袜是名牌，就连包包也必须是名牌的。看着从头到脚一身名牌的自己，感觉真的就那么好吗？尤其是如今有很多拜金的女性，她们对名牌几乎毫无抵抗力，每个月一发工资就直奔专柜，而在挥霍一空之后，甚至到了月末不得不每天吃方便面。不得不说，对于名牌的追求达到这样的程度，已经涉嫌产生了心理问题。

有些女性说自己之所以追求名牌，是因为名牌商品的质量更好，细节更完美。其实不然，这只是女性朋友用来自欺欺人的理由而已。毋庸置疑，名牌商品在设计和质量方面，的确比普通的商品高出一大截儿。但是名牌商品也有弊端，那就是价格虚高，完全不是普通老百姓能够消费得起的。从深层次的心理原因进行剖析，大多数女性朋友买名牌，完全是因为虚荣心在作怪。

一个人如果内心虚弱，那么只能通过外在的物质装扮给自己提气。很多女性朋友盲目追求名牌，正是为了用名牌来彰显自己的身份和地位。很多人一旦穿上名牌，瞬间底气十足。例如让一个人女人背着十几块钱的包去逛商场，和让一个人女人背着几万块钱的包去逛商场，哪怕穿着打扮都不变，这个女人的心态也会截然不同。物质的包装作用不容忽视，尤其是很多销售员喜欢以貌取人，在这种情况下，名牌的确会发挥很大的作用。

从包装和推销自己的角度而言，让自己拥有更好的形象无可厚非。但是有些人对名牌的追求已经远远超过正常的限度。例如他们为了购买名牌服饰而挪用公款，或者还有些年轻漂亮的女孩傍大款。不得不说，这样去追求名牌，真的不如不追求。如果追求名牌成为我们内心的负担，那么远远不如彻底抛弃名牌来得更加轻松快乐。

作为一名大学生，初入校园的时候，小宇还是个土老帽。他的爸爸妈妈都是工薪阶层，他的穿着打扮非常普通。然而进入大学之后，小宇看到同学们浑身都是名牌，未免也觉得心中不平。为了给自己买一双名牌的鞋子，他一下子就花掉了半个学期的生活费。开学才两个月，他就打电话和爸爸要钱。爸爸虽然纳闷小宇的开销太大，但是想到孩子只身在外上学，穷家富路，因而当即又给小宇转了三千块钱。

原本，小宇最大的愿望就是拥有一双名牌鞋子，他也告诫自己在实现心愿之后不能再继续挥霍。然而，爸爸的钱才转来一个星期，看到班级里的同学们陆陆续续用起了苹果手机，小宇心里又开始长草了。他卖掉了爸爸给他新买的华为手机，再加上仅剩的生活费和爸爸刚刚给的三千元钱，又为自己买了一部苹果手机。如此一来，小宇真的身无分文了，如果不能得到经济援助，他就只能喝西北风。

这次，小宇不敢给爸爸打电话，而是给远在外地出差的妈妈打电话。妈妈听说宝贝儿子没钱吃饭了，赶紧从差旅费中拿出两千元给了小宇。等到回家之后，妈妈得知爸爸刚刚给了小宇三千元，当即打电话质问小宇把钱都用哪儿了！小宇只得撒谎，说他的手机不小心丢了，必须买新手机。然而，妈妈给小宇的钱也没有坚持多久，小宇就产生了购买名牌的新欲望。

在这个事例中，小宇之所以盲目追求名牌，是因为和同学相处中产生的攀比心。的确，孩子们每天朝夕相处，如果生活条件方面相差太大，穷困的孩子未免会觉得心理不平衡，也因而陷入攀比状态中。

实际上，有多少钱就办多少事情。一个人哪怕欲望再多，也不能盲目攀比，一味地只想满足自己。否则，他们就会陷入攀比的陷阱之中，而且还会因为对名牌的追求，使得人生陷入困境。记住，一个人当然应该打造自己的良好形象，但是不应该盲目地追求名牌。名牌也许能够彰显价值，却不能彰显一个人的品质、气度以及涵养。归根结底，美是由内而外散发出来的，外在的一切条件都只能增强美，而不能真正催生美。

拒绝为何总是这么难

在人际交往中，如果你问最难的事情是什么，相信大多数人给出的答案都是拒绝他人。的确，人的本能是趋利避害，人人都希望自己拥有更多的朋友，建立良好的人脉关系，而不想让自己成为孤家寡人，处处受到他人的排挤。正是基于这样的心理，大多数人都不善于也不愿意拒绝他人，因为他们担心一旦拒绝他人，就会从此与他人分道扬镳，行同陌路。

然而，帮助别人也并非简单容易的事情，除了需要自己付出大量的心力和物力之外，有的时候我们哪怕竭尽全力也无法成功地帮助他人，甚至还会使事情变得更糟。与其在这种情况下遭到他人的埋怨，不如从一开始就拒绝他人，这样也能避免我们自身的尴尬。然而，偏偏有很多不懂得拒绝的人，哪怕所有的理由都已经到了嘴边，但就是说不出来。不得不说，这样的人脸皮实在太薄了，毕竟这是让你拒绝他人，而不是让你求助于他人啊，为何如此心虚呢！人与人之间相互帮忙固然好，但是这个世界上除了父母能够无条件对我们好之外，没有任何人会无条件对我们好。反过来，我们除了需要赡养父母和养育子女，也没有必要对所有人都无条件付出。当认识到这一点，我们是否能够更加理直气壮地拒绝他人呢?

大多数害怕拒绝他人的人，都是因为担心拒绝会导致失去对方的友谊和好感。现实告诉我们，一个人就算再努力，对所有人的要求都有其必应，也未必能得到所有人的好感。反而，有些交恶正是在你帮助了他人之后才产生的。这是因为每一个得到帮助的人未必会对帮助自己的人心怀感激，相反，他们也会因为对结果不满意而对帮助自己的人心怀不满。看到这里，有些朋友也许会说：既然连个好人都赚不了，为何还要不顾一切地帮助他人呢？正是如此。如果我们确实有能力帮助他人，也的确能够给他人带来好处，那么我们当然要乐于助人。但是如果我们自身的能力达不到，或者帮助他人使我们勉为其难，或者帮助他人让我们的内心无比焦虑不安，也或者我们哪怕帮助他人也有可能被他人否定，那么我们就没有必要委屈自己，非要帮助他人。

现实生活中，有些人总是习惯于索取，他们一直以来都接受别人的帮助，渐渐地就把别人对自己的帮助当成是理所当然的。别人一旦有一次不帮助他人，他们马上就会对别人生出不满，甚至与别人交恶，不得不说，这样的人是不值得帮助的。他们正是我们日常所说的白眼儿狼，既然我们不能保证无怨无悔地帮助他们一辈子，与其等到帮了他们一百次之后被他们指责，不如就在他们第一次求助的时候就拒绝他们，这样反而有可能保持关系，不至于反目成仇。

民间有句俗话，叫作斗米养恩，担米养仇。意思就是说，帮助别人一定要有限度，而不要不求回报，无限度地帮助别人。否则，一旦别人对你的帮助习以为常了，就会觉得你理所应当帮助他们，那么他们就会对你产生过高的要求，甚至因此而怨恨你。所以明智的人不会一味地帮助他人，更不会给予他人不计回报的帮助。别说是陌生人之间了，就算是父母与子女之间，为了避免子女对父母索求无度，不知感恩，父母也应该有限度地爱子女。曾经有人说，父母对子女最大的坏处，就是在无限度满足子女的需求之后，再拒绝子女。而父母对子女最明智、最负责任的爱，就是学会拒绝子女，也让子女意识到这个世界并不会永远满足他们。

当摆正心态，意识到这个道理后，我们就不会再因为拒绝他人而觉得难堪。注意，一定不要过于讨好他人，害怕得罪他人。否则，你就会被他人的请求绑架，最终非但得不到他人的感谢，反而会因为任何一次无法满足他人而被他人抱怨和指责，这是最得不偿失的。

为何人人都喜欢八卦

每当娱乐圈出现八卦新闻的时候，吃瓜群众就会变得特别兴奋。诸如章子怡和汪峰的女儿出生啦，山西首富与车晓离婚啦，大黑牛李晨向范冰冰求婚啦等，这些新闻都能调动起吃瓜群众的热情，他们说起类似的新闻来根本不知疲倦，甚至可以神侃三天三夜。为何人们如此喜欢明星的八卦新闻呢？甚至有些人的好奇心特别强烈，对于身边人的各种花边新闻或者私人事情，他们也总是伸长脖子打听着，不愿意错过任何八卦信息。

如今，网络非常发达，很多好事者甚至每天都要抽出大量时间在网络上浏览八卦新闻。难道他们真的是关心那些明星艺人吗？要知道那些明星艺人与他们之间的关系八竿子也打不着。既然相聚如此遥远，他们为何还会对明星的八卦新闻始终满怀热情呢？实际上，这都是因为人们的好奇心在作怪。好奇心是人的本心之一，很多人都有好奇心，尤其是对于自己不了解的陌生领域，人们的好奇心变得更加强烈。诸如明星总是一副高高在上的样子，而且看起来神秘莫测。那么作为普通人，当然想要了解明星的八卦，从而也走入明星的生活和世界。反过来看，假如你是明星的亲戚，那么你还会把明星视为神一样的存在吗？你会知道明星也是人，也过着普通平凡而又按部就班的生活，也知道明星的丑闻只是一种炒作，根本不值得花费时间关注。

除了好奇之外，人们之所以喜欢通过八卦新闻，喜欢偷窥明星的隐私和生活，是因为明星大多数颜值高、收入好，他们的名利双收往往招致他人的羡慕、妒忌甚至是恨。因而很多人在关注明星的时候，带着一丝丝酸葡萄心理，甚至在看到明星离婚等绯闻时，情不自禁地安慰自己：哎，当个明星还不如当个普通人逍遥自在呢！与此同时，我们还会表现出对明星的深刻同情，从而获得可怜的自我满足感。

转眼之间，炎热的夏季悄然溜走，凉爽的秋天到了。秋天总是绚烂多彩的，不但有金黄的树叶，还有紫色的葡萄。这不，在枝繁叶茂的葡萄架下，一串串葡萄如同珍珠一般圆润，有的是翡翠，有的像紫水晶，因为有的葡萄是青色的，有的葡萄是紫色的。每一个路过葡萄架的人，看着似乎吹弹可破的葡萄，全都忍不住咽口水。正当此时，一只饥肠辘辘的狐狸走过来，它从很远的地方就看到了这片葡萄园，因而一边朝着葡萄园走来，一边不停地吞咽口水。

来到葡萄架下面之后，狐狸不由得感到绝望。因为葡萄架实在是太高了，它就算不停地往上跳跃，高高地跳起，距离最低的一串葡萄也还是有一段距离。它不甘心，接二连三地往上跳，很快，它就累得气喘吁吁，筋疲力尽了。这时，飒爽的秋风吹过，葡萄的叶子就像一个个小巴掌，彼此之间相互摩挲，发出沙沙的响声。一片枯黄的叶子随风飘落，落到狐狸的头上，狐狸突然间想出了一个好主意：人家都说守株待兔，我不如就在这里守候着，也许等会儿风变大了，还能把一串葡萄吹落下来，砸到我的头上呢！然而，狐狸等了很长时间，不管多大的风吹过，葡萄都牢固地挂在藤蔓上，一动也不动。狐狸的脖子一直往上仰着，很快就酸了，但是葡萄却始终没有掉下来，别说是一串葡萄了，甚至连一颗葡萄都没有掉下来。

狐狸无奈地叹了口气，笑着安慰自己说："葡萄还没有成熟呢，看起来那么青，一定又酸又涩。幸亏我没有吃葡萄，不然会把牙都酸倒的。算了，不吃了，这种酸涩的葡萄，就算有人送给我吃，我也不一定愿意吃！"说完，狐狸饿得前胸贴后背，步履蹒跚地离开了葡萄架。

可怜的狐狸，已经饿得前胸贴后背了，却吃不到葡萄说葡萄酸。现实生活中，很多人都和狐狸一样有酸葡萄心理，即他们对于自己得不到的东西就自欺欺人说那个东西不好。殊不知，对于自己渴望的东西，努力奋斗去得到才是正途。而如果自己欺骗自己，说那个东西不好，那么就永远也不可能得到想要的东西。

很多人在听到八卦新闻之后，都会与身边的人展开讨论，与他人一起分享明星的喜怒哀乐。实际上，明星都过得好着呢，他们并不因为议论他们的人多一些或者少一些而受到任何影响。所以对于明星的生活，我们可以羡慕，却最好不要幸灾乐祸，因为那恰恰表现出我们的酸葡萄心理。

除此之外，还有些朋友之所以关心八卦新闻，是因为他们想以此来获得优越感。诸如他们在得到别人所不知道的内部消息后，会在第一时间四处散播，欣赏其他人在听到这些内部消息时脸上的惊讶和羡慕表情。不得不说，这样的虚荣心很脆弱，尤其是要通过明星的八卦新闻来满足，让人感到可怜和慨叹。

第 03 章

认识性格暗井，躲开性格心理的雷区

生活中，我们常常羡慕某个人性格好，所以事业上才能飞黄腾达，生活中也能顺遂如意。也因此，我们总是感叹自己的性格不够理想，总是得罪人，在事业发展的关键时期也无法得到他人的慷慨帮助。实际上，性格是可以改变的，与其羡慕他人的性格好，抱怨自己的性格不好，不如认识性格，了解性格的优势和劣势，也避开性格的雷区，从而让我们的人生从此也变得一帆风顺，功成名就。

好性格与坏性格

曾经有一句话在网络上非常流行，大意是说上帝如果关上了你的一扇门，必然会给你打开一扇窗户。这句话其实与中国的俗语“天无绝人之路”有着异曲同工之妙。大概的意思就是说，一个人虽然在某些方面差一些，但一定会在另一些方面占据优势。这样一来，他们就可以取长补短，扬长避短，从而让自己的人生取得平衡。

大自然也非常神奇。细心的朋友们会发现，造物主给每一种动物都赐予了长处，从而帮助他们弥补自身的弱势，以在弱肉强食的自然界生存下来。举例而言，老虎威风凛凛，是百兽之王，在大自然中处于食物链的顶端，诸如羚羊、野兔等，都是老虎的腹中之物。但是，狡兔三窟，老虎要想捕食野兔也并非那么容易。野兔非常机警，会预先给自己准备逃生的通道，这正是它们优势所在。再如，羚羊虽然厮杀能力不如老虎，但是羚羊跑得特别快，而且弹跳能力很好。在很多危急关头，羚羊会借助于复杂的地形逃跑，甚至跳下悬崖。它们身形矫健，哪怕跳下悬崖也能够落在窄峭的石头上，因而求得生机。相比之下，老虎虽然凶猛，却不擅长在复杂的地形奔跑，也因为身形笨重，因而不敢冒险跳下悬崖。这样一来，羚羊就能虎口逃生，为自己赢得生机。由此可见，不管是老虎，还是野兔与羚羊，都有自身的优势，也都有求生的办法。

不仅在自然界中，在人类世界，每个人也同样是既有优点又有缺点的。尤其是在性格方面，每一种性格也同时表现出优势和劣势。通常情况下，人们会以好坏来形容性格，实际上，每一种性格的优势与劣势可以相互转化，也有适合各自发展的领域。因而，性格并不能单纯分为好性格和坏性格，而是要理智分析性格，综合性格的优势与劣势，再综合每个人的具体情况，才能判断性格对人的发展是起到积极的推动作用，还是产生消极的压制作用。

十九世纪末，一个犹太男婴降临人世。他的家境非常贫穷，简直食不果腹。也许是因为在这样的家庭环境中长大，男孩唯唯诺诺，从未表现出任何男子汉该有的英勇气概。包括父母在内，都很讨厌这个男孩，因为他敏感多疑，胆小怯懦，而且就像野兔一样警觉。似乎他不是生活在家中，不是待在父母身边，而是在危机四伏的环境中长大的。他极度缺乏安全感，几乎每时每刻都在寻找安全感。

爸爸曾经有一段时间对于男孩的性格很发愁，他想方设法想把男孩培养成狮子型的性格，让男孩变成像百兽之王那样威风凛凛，无所畏惧。为此，每当男孩表现出胆小怯懦时，父亲就会狠狠地责骂他，希望激发起他心中的血性。殊不知，在父亲过于严格的教育下，男孩非但没有变得勇敢，反而变得越来越胆怯。他很自卑，走路怕踩死蚂蚁，所以总是低着头；说话怕吓到别人，所以说话的声音还没有蚊子哼哼的声音大。男孩就这样胆战心惊地长大了，他每天都在观察爸爸妈妈的脸色，自从进入学校学习之后，又很害怕老师和同学。每当有人大声呵斥他或者欺负他，他除了躲起来暗自疗伤之外，根本没有任何其他的办法。总而言之，他就像是一只被吓破了胆子的野兔，不得不仓皇度过人生中的每一天。然而，这个男孩并没有像他的父母所担心的那样一事无成，变成废物，相反，他成为了举世闻名的文学家，他就是卡夫卡。

看到卡夫卡的童年遭遇和表现，相信每一个人都会为他的未来感到担忧。然而，卡夫卡最终找到了最适合自己的舞台，从而顺从自己的天性，成为了一名作家。这就像是上帝赐予了他完美的职业，使他如鱼得水，游刃有余，也做出了伟大的成就。所以说，每一种性格都不分好坏，而性格上所谓的优势与劣势，在不同的情况下也是能够相互转换的。

朋友们，不要再盲目地评价自己和他人的性格，也不要单纯以好坏界定某种一种性格。要想以性格改变命运，我们就要深入剖析性格的特点，从而了解性格的暗礁。这样，我们才能避开人生的暗礁，从而发挥自身性格的优势，也让自己的人生变得充实而又成功。

性格处于发展的状态中

新生儿从呱呱坠地开始，就踏上了漫长的成长过程。从0岁到18

岁，孩子也只是生理意义上趋于成熟，而对于人生的感悟和体验，他们还差得很远。孩子的性格也并非天生的，遗传因素在孩子的成长过程中只起到很小的作用，在后天的成长过程中，诸如家庭环境、父母的言传身教、教育的程度以及人生的经历和体验等，都会对孩子的性格养成起到很大的影响作用。也可以说，孩子的性格养成与他们身体上的成长是同步进行的，而且会比他们身体的成长持续更长的时间。哪怕是成年以后，如果人们对自身的性格不满意，也可以不断地改变自己的性格，从而让性格更趋于完善。

性格的发展就像一条流动的河流，始终处于动态的发展之中。当一个人的性格发展到成熟状态时，性格就会相对稳定。而对于稳定的性格状态，也可以分为三种状态，即不健康状态、一般状态和健康状态。毋庸置疑，人人都希望自己的性格处于健康状态，拥有好性格才能拥有成功人生。当自觉性格状态不健康或者不够好时，也无需紧张，因为性格状态可以不断发展，不断优化，从而为人生的成功添砖加瓦。

不健康的性格状态下，不同类型的性格也会表现出不同的特点。以狮子型性格为例，狮子型性格的特点就是君临天下，他们天生就带有王者气度，表现出严肃而又威严的气质。然而，当他们对王者风范矫枉过正时，未免会犯主观主义的错误，他们听不进去别人的劝说，总觉得自己的一切决定都是对的，而且他们具有足够的强硬度，却不能表现出适度的柔软。这使他们遇强则强，很容易以硬碰硬，不懂得迂回曲折。表现在生活和工作中，狮子型性格的人很容易成为领袖人物，也很容易犯个人英雄主义的错误。在家庭中，狮子型性格的人中，男人很可能发展为大男子主义，女人很可能发展为女权主义者，因而要注意改变这样强势的状态，让自己学会倾听他人的声音，采纳他人的意见，从而才能适度中和，表现出一定的顺从和温和。

一般健康的性格状态下，性格表现比较平稳，不会过于偏激，也不会过于极端。例如海豚型性格者的特点是温和，善于协调，因此人际关系非常好，也能让他人为自己所用。他们几乎很少与别人争吵，而总是宽容大度。在一般状态下，他们自我意识不够强烈，这导致自我地位下降。他们把自己看得很低，而把他人的利益看得高于一切，也对周围的环境过分看重。他们有些自卑，觉得一旦犯个人英雄主义的错误，就会导致整个世界都不得安宁。所以他们过度为他人着想，觉得自己必须设身处地站在他人的立场上为他人考虑，才能维持和平，避免冲突和矛盾的爆发。这种情况下，海豚型性格者很难掌控全局，因为他们的内心充满了愤怒，他们尽管做出了极大的让步，但是他们却而失去了自己的主见，也不能表达自己的想法和看法。最终，他们因迷失自我而变得慵懒懈怠，他们为了维护与他人的关系而完全放弃自己的主权。这一切使他们得到的和平只是表面现象，因为他们心中熊熊燃烧的怒火最终会喷涌而出，把他们与他们身边的一切都化为灰烬。所以说，一般健康的性格状态下，人们收获的只是暂时的和平，而把问题掩盖起来。唯有真正解决问题，才能一劳永逸。

健康的性格状态下，人们的性格会保持平衡，自身也能获得良性的发展。诸如猎犬型性格的人，他们总是表现出良好的品质和性格特征，也总是把别人的需求放在第一位，而忽略自己的需求。他们尤其关心家人，照顾家人，把家人永远放在前面。在健康状态下，猎犬型性格的人不但关心家人、亲人和朋友的需求，也会有意识地关心自己的需求，满足自己的需求。这样一来，他们才能长久地保持内心的平衡，也让自己的性格发展更加均衡，始终处于良性的循环状态之中。

总而言之，九种类型的性格都会处于这三种不同的状态之中。性格始终处于发展变化之中，哪怕对于成人，性格也是可以不断完善和改变的，当然也有可能因为外界因素或者心理状态的影响而变得恶劣。作为现代人，除了关心自己的身心健康之外，我们也要对自己的性格状态保持关注，这样才能及时发现自己的性格状态的变化，从而调整自己，让自己恢复健康的性格状态。

你属于哪种性格类型

前文说过，根据九型人格测试的方法，我们可以确定自己的主要性格是什么、辅助性格是什么，从而明确区分自己的性格类型。然而，有很多朋友会发现，虽然他们经过测试后发现自己的性格是狮子型的，但是实际上他们在生活中很胆小谨慎，根本没有明确表现出狮子型性格的特点。相比之下，他们觉得自己的性格更像蚂蚁型性格，这到底是为什么呢？是测试卷出了问题，还是他们回答的时候没有忠于自己的内心，亦或者是他们的性格根本就不能用某种类型来概括呢？这三种情况都有可能。

每个人都有可能找不到自己的性格类型，因而也就不知道自己到底属于哪种性格类型。不得不说，九型性格只是初步帮助人们了解自己的性格，未必绝对正确。哪怕对于测试之后最明显的性格表现，我们也依然要对号入座，看看自己是否真的符合这种性格类型。假如你认可测试的结果，那么你的性格就是以结果显示的性格类型为主。假如你不认可测试的结果，那么有可能你在测试的过程中受到了外在条件的影响，因而导致测试结果不够准确。九型人格测试的方法告诉人们，一定要选择第一反应给出的答案，而不要加以思考。否则，人趋利避害的本能必然会使你更加倾向于有利于自己的答案，而无法忠诚地面对自己的内心。记住，你需要选出你第一反应得到的答案，而不是你思考之后认为自己应该做出的答案，否则，结果就会严重失真。所以在进行测试的时候，如果你真的想了解自己的真实性格，就要严格按照测试所要求的在最短的时间内做出符合本心的回答。

此外，如果你的测试结果不够准确，也有可能是因为你的性格经过了完善之后，变得和原本的性格不同了。前文说过，人的性格除了会受遗传因素影响外，也会受到后天成长过程中很多因素的影响。因而人的家庭环境、受教育的经历以及在人生之中的各种经验和阅历等，都会使人的性格发生改变。当人们意识到自身的性格存在不足和弱点时，也有可能会有意识地调整和完善自身的性格。例如几十年前，很多父母为了避免不上学的孩子学坏，都会把孩子送到部队去当兵以使其收敛心性。这是因为部队中奉行铁的纪律，也会对新兵展开严格刻苦的训练。在新兵营的三个月里，几乎每个新兵都要脱掉一层皮，其实他们不仅身体变得更强壮，内心也会因为严格的训练而变得更强大。所以新兵训练堪称脱胎换骨，也有很多娇气的孩子不能忍受这样的痛苦，哭着喊着要回家。但是一旦他们完成这样的训练，他们的变化就会非常明显。很多人都觉得当过兵的人有不同的气质，的确，军营就像一个大熔炉，不但改变了他们的气质与形象，也让他们的性格变得更加坚毅顽强。由此可见，人的性格是会改变的。有的时候，当环境起到适当的引导作用时，人们的性格也会潜移默化地发生改变。

除了上述原因之外，还有一种情况会使人找不到自己所属的性格类型，那就是参加测试的人不了解自己的性格，或者是他们过于了解自己的性格，因而可以回避自己的性格。不管是处于无知的状态，还是处于过度自知的状态，都会影响参加测试时的选择。这种情况下，人未免会选择对自己最有力的选项，让自己的测试结果尽量完美，但是却失去了真实的参考性。

总而言之，每个人要想找出自己所属的性格类型，就必须直面自己的内心。要知道，不管一个人的性格如何，唯有了解真实的性格，才能更好地分析性格，最终成功地完善性格。记住，没有任何一种性格是完全好的，也没有任何一种性格是完全坏的。人，唯有尊重自己的本性，不逃避，不畏缩，也不故意美化，才能还原最真实的自己。

玉不琢不成器，人不磨不成才

很多人都对自己的性格不满意，但是却不知道如何才能改变和完善性格。也有人说，江山易改，禀性难移，所以他们索性完全放弃对自己性格的完善，任由自己肆意横行。古人云，玉不琢不成器，人不磨不成才，这就告诉我们性格必须经过打磨，才能温润如玉。所以面对自身不那么让人满意的性格，我们必须首先清楚地认识自己的性格，分析其利弊，然后才能有的放矢地改变性格，从而让自己的性格趋于稳定和完善。

人人都羡慕苍鹰能够在天空中展翅翱翔，然而小鹰最初破壳而出的时候，根本不会飞翔。雏鹰就像孩子一样，也需要老鹰的照顾，但是老鹰从来不像人类的妈妈那样把孩子照顾得无微不至。一旦看到小鹰靠近巢穴的边缘就吓得胆战心惊时，老鹰就会马上不假思索把小鹰推到巢穴边缘，让小鹰认识和熟悉悬崖。等到小鹰具备飞翔的条件后，老鹰就会把小鹰推出巢穴，迫使小鹰在坠落的过程中不得不展开翅膀，竭尽全力学会飞翔。雏鹰就是这么学会飞翔的，他们没有被吓破胆，反而练就了一身好本领。相比起老鹰来，人类的很多妈妈真的不够格。她们把孩子看得太紧，却不知道放手才是对孩子最好的爱。在过度的溺爱中，孩子渐渐变得软弱无力，长大成人后根本无法鼓起勇气面对这个纷繁复杂的世界。如果妈妈能够在教养孩子的过程中多多用心，孩子才能更早地独立，也能更快地适应生活，成为真正的强者。

从这个意义而言，家庭环境和父母的教养方式对于孩子的成长影响很大。每一个父母都应该成为孩子的雕琢者和引导者，而不是一味地溺爱孩子，最终让孩子从具有潜质的玉石变成扶不上墙的烂泥，这绝非孩子个人的问题，父母也有很大的责任。

孩子小的时候，需要在父母的引导下成长。等到孩子渐渐长大，成为对自己负责的成年人后，他们就要学会主动改变自身的性格，打磨自己的性格。例如林则徐脾气暴躁，他就在自己的书房里挂上牌匾，上面写着“制怒”两个字。这样一来，每当他看到这两个字就能提醒自己不要暴躁冲动，不要被怒气控制，从而实现有效控制自身情绪、警示自己的作用。很多人都喜欢在书房里挂上自己喜欢的格言，实际上都能起到提升自己、打磨自己性格的作用。

富兰克林是典型的蚂蚁型性格，他追求完美，生性傲慢，而且尤其喜欢对其他人指手画脚。渐渐地，他意识到自身的性格特点，也知道自己的性格很容易得罪他人，因而决定改变自己的性格，完善自己的性格。最终，富兰克林列举了完美性格应该具备的十几条特点，然后在特定的时间内有的放矢地专门培养自己以具备其中的某一条性格特点。等到把自己打磨得符合预期之后，富兰克林才开始针对下一条性格特点对自己进行改变和打磨。

就这样，富兰克林付出了极大的耐心和毅力，最终成功地让自己具备了自以为是完美性格的十几条特点。在对自己进行初步改造后，为了让自己的性格更加稳定，他还花费了一年多的时间不断地修炼自己，以让这些特点完全深入他的内心，也成为他的行为习惯。正因为如此，富兰克林才能突破蚂蚁型性格，成为一个性格趋向于完美的人。

蚂蚁型性格的人有很多优点，诸如追求完美、讲究秩序、遵守原则、任劳任怨，等等。然而，因为自己过分追求完美会表现出的吹毛求疵，但富兰克林并没有纵容自己，而是以顽强的毅力，坚持完善自己的性格，让自己逐步具备完美性格应该具备的特点，从而最终让自己的性格趋于完美，也让自己成为更受欢迎的人。

作为雄鹰，要想展翅高飞，就必须战胜内心深处对于跌落的恐惧。人人都渴望成功，然而成功并非对每个人都触手可及。一个人要想获得成功，也必须有一股子韧性，这样才能坚持并最终打造出更优秀且强大的自我，让自己变得不可战胜。

第
04
章

良好的性格是财富，它会助你成就辉煌人生

良好的性格是人生中最无价的财富，能够帮助人们成就辉煌的人生。这是因为拥有良好的性格才能拥有好人缘，在面对坎坷逆境的时候也才能坚持不懈、乐观面对。没有人的一生会是一帆风顺的，所以要想让人生顺遂如意，一定要修炼好自己的性格。

面对逆境，你更需要乐观

有人说，人生是一场没有归途的旅程，也有人说，人生就像是一叶扁舟，在茫然无边的大海上艰难航行。无论如何，人生总是要有方向，否则不管是旅程也好，还是航行也罢，人生难免会因为失去方向而随波逐流，不知道去向何方。一个真正的强者，首先应该是人生的掌舵手，这样才能主宰命运，始终把握人生的方向，驾驶人生的小舟驶向梦想的彼岸。

有旅行和航海经验的朋友们都知道，不管是陆地上的旅行，还是海面上的航行，都随时随地有可能遭遇恶劣的天气状况，导致一切都危在旦夕。即便如此，我们作为旅者，作为航海家，还是要打起十二分的精神来，只有这样才能勇敢地面对逆境，以决绝的勇气战胜逆境。否则，一味地退缩和避让，只会让困难变得更加强大，也衬托出我们的渺小和软弱。常言道，树活一张皮，人活一口气，任何时候，人的气势不能丢了，否则就会沉沦下去，再也没有反转的可能。

很多人都抱怨命运，觉得命运没有青睐和偏向自己，而是亏待了自己。为此，他们怨声载道，郁郁寡欢。实际上，生活就像一面镜子，当你对着生活微笑，生活就会回报给你笑脸；当你对着生活哭泣，生活也会回报给你哭脸。既然如此，我们还有什么理由不微笑着面对生活呢？从本质上而言，一个人能否幸福快乐地生活，并非取决于他拥有多少金钱和物质，也不在于他生存的环境是顺遂还是坎坷。对于一个乐观的人而言，哪怕身处逆境，哪怕正在遭遇磨难和挫折的打击，他们也依然能够保持积极乐观。相反，对于一个悲观绝望的人而言，哪怕生活赐予他们再多，他们也总是感到沉痛，甚至觉得自己遭到了生活的亏待。所以朋友们，不要再抱怨命运不公，最重要的是你必须保持积极乐观的心态，只有这样你才能从容应对人生的风雨、泥泞和坎坷。

小时候，巴雷尼因为身患重病，导致身体残疾。面对小小的巴雷尼，妈妈心如刀绞，但是她很清楚，唯有她积极地鼓励孩子，孩子才能勇敢面对人生。为此，妈妈拉起巴雷尼的手，语重心长地说："孩子，妈妈相信你能够战胜眼下的困难，勇敢地走好这一生，你可以吗？"巴雷尼听了妈妈的话，意识到问题很严重，忍不住哇哇大哭。然而，哭过之后，他擦干眼泪，开始在妈妈的陪伴下进行锻炼。

为了身体力行地鼓励巴雷尼，妈妈总是陪着他一起走路。巴雷尼也不辜负妈妈的期望，不管练习多么艰苦，他都始终不抱怨，不放弃，而是坚持不懈。有一次，妈妈身患重感冒，但是为了给巴雷尼做出榜样，她依然忍受身体的不适继续陪伴巴雷尼练习。巴雷尼也感受到来自妈妈的力量，从而更加勤奋锻炼。最终，巴雷尼战胜了残酷的命运，以优异的成绩从维也纳大学医学院毕业。毕业后，他又投入所有的精力研究耳科神经学。最终，他成为举世闻名的医学专家，并且荣获了诺贝尔生理学和医学奖。

面对身体残疾的致命打击，如果巴雷尼彻底放弃，那么他的一生必然会沉沦下去，没有任何成就。幸好，巴雷尼有一位坚强乐观的妈妈，所以巴雷尼面对噩运时也表现出坚强乐观，最终在妈妈的陪伴下勇敢地战胜了噩运，赢得了新生。

在这个世界上，没有任何人的人生是一帆风顺的。每个人在人生的道路上都会遭遇各种坎坷挫折。越是在遭遇逆境的时候，越是要摆正心态，让自己坚强乐观且勇敢地面对。正如人们常说的，困难像弹簧，你强它就弱，你弱它就强。每一个明智的人都知道唯有以强大的心战胜困境，才能取得人生的突破和飞跃。既然如此，就不要抱怨，而要微笑着面对生活，以微笑打败困厄。

自信，是获得成功的必备素质

每个人都是这个世界上独一无二的存在，人的形象气质不可被复制，人的性格更不可被复制。很多成功者对于自己的成功之道秘而不宣，美其名曰是为了保密，实际上完全没有必要。只要不是独门配方，与人分享成功的经验又有什么关系呢？要知道，哪怕别人可以模仿你，但是也未必能够获得你的成功，因为他们不是你，也无法取代你。既然如此，反过来想，在很多情况下，你还有必要征求别人的意见吗？每一个人在思考问题的时候，都是从自身的主观立场出发的，也许他们考虑的意外情况的确会发生，但那只是针对他们而言的。通常情况下，你只能相信自己，而没有必要为了别人而改变自己的主意。

当一个人对于自己表现出充分自信时，哪怕他们此前一直非常普通，在自信的支撑下，也会变得与众不同。自信甚至能够使原本平淡无奇的生命绽放异彩，更能够让原本胆小怯懦、畏缩不前的人获得勇气，从此之后在人生的道路上一往无前，绝不胆怯。一个人的自信，往往决定了他成就的大小。正如人们常说的，心有多大，舞台就有多大，而如果心本身就很小，舞台又能大到哪里去呢！所以我们要想有所成就，首先要提升自信，从而才能更加接近成功。自信是成功的先决条件之一，一切成功都始于自信。

现实生活中，人人都渴望获得成功，也更追求物质与权势。殊不知，和自信相比，所谓的金钱、权势、家世等都变得不值一提。这些东西也许会成为人生取胜的资本，但绝非获得成功的关键因素。反之，对于一个自信的人而言，哪怕他们一无所有，也能够拼尽全力，创造人生。

细心的朋友们会发现，大多数成功者都是有自信的人。他们从来不会因为权威人士的任何意见和看法而丢掉自己深思熟虑得到的结论。在做一件事情之前，哪怕有人告诉他们这件事情不可能成功，但只要他们经过深思熟虑，就会马上毫不犹豫地去做。因为他们知道，哪怕失败了，经验也是一种宝贵的财富和收获。

熟悉交响乐的朋友们都知道日本交响乐指挥家小泽征尔，因为小泽征尔早已闻名世界，所以熟悉交响乐的人都对他如雷贯耳。实际上，小泽征尔之所以能够闻名世界，是因为他在世界优秀指挥家大赛中获得了第一名的好成绩。而且，这次比赛也充分验证了小泽征尔是非常自信的，甚至可以说小泽征尔是借助于自信才获得成功的。

在世界优秀指挥家大赛上，全世界各个国家的参赛选手的实力都很强，也可以说，这是一场世界顶尖交响乐指挥家的角逐。小泽征尔的出场顺序排在后面，因此，直到大多数参赛选手都参加完比赛了，他才迈着沉稳的步伐走上指挥台，按照从大赛组委会那里得来的比赛乐谱，他沉着地指挥乐队开始演奏。

当演奏进行到一半的时候，小泽征尔敏感地捕捉到演奏过程中出现了不和谐的音符。原本，他以为是乐队演奏的时候出现失误，因而当即要求乐队停止演奏，重新开始演奏。然而，等到演奏进展到相同的节点时，小泽征尔凝神细听，再次听到不和谐的音符。这次，他很确定不是乐队出现错误，而是乐谱出现错误。为此，他马上停止演奏，并且把乐谱出错的情况向组委会提出来。在小泽征尔描述完问题之后，组委会里的诸多专家和权威全都异口同声地说乐谱没有问题。与此同时，他们还同仇敌忾地指责是小泽征尔的指挥出了问题。小泽征尔认真地想了想后，确定自己的指挥没有任何问题，因而毫不迟疑地再次重申："我很肯定，就是乐谱有错误。"小泽征尔话音刚落，组委会的专家和权威们全都站起来，满面笑容地给予小泽征尔祝贺的掌声。原来，这是组委会煞费苦心设计的比赛环节，并非是很明显的错误，而只是小小的不和谐，目的就在于检查指挥家们在发现乐谱有瑕疵之后，能否顶住音乐专家和权威人士的重重压力，坚持自己的判断是正确的。

在小泽征尔之前，有很多指挥家根本没有发现问题，只有两位指挥家发现了乐谱中有不和谐的音符，并且也勇敢地向组委会反映了情况。但是面对组委会中专家和权威们的众口一词，他们最终都选择了妥协，而没有坚持自己的判断，所以他们全都被淘汰了。这次比赛中，自信的小泽征尔脱颖而出，以自信和坚持的态度，顺利赢得了世界指挥家比赛的第一名。如果没有自信，如果不能坚持自己的判断，可想而知小泽征尔也难逃失败的噩运。所以作为一名世界顶级的指挥家，哪怕面对业界的权威和专家们众口一词的质疑和否定，也要坚持自己的意见和态度，对于专业问题绝不要含糊，更不能轻易妥协。

小泽征尔之所以能赢得比赛的冠军，一举成名，就是因为他非常自信。很多指挥家在参加世界优秀指挥家比赛时都会感到非常紧张，根本想不到乐谱居然会出错。哪怕发现了错误所在，他们面对专家和权威人士们的众口一词，也都会马上改变主意，觉得是自己出了问题。正因为如此，他们才与指挥家大赛的冠军失之交臂。

需要注意的是，自信并非是天生的。每个人从呱呱坠地时起，并非带着自信而来。他们之所以在成长的过程中变得越来越自信，是因为他们成长的环境让他们变得自信，或者是受到了他人的启发，也有可能是自身奋发不息，昂扬向上。总而言之，人生不如意十之八九，各种各样的考验更是无处不在。我们一定要坚持自信，才能兵来将挡，水来土掩，而绝不轻易妥协和认输。

热情，是生命的源源动力

伟大的哲学家黑格尔曾经说过，一个人如果没有热情，必然一事无成。热情到底是什么呢？居然具有如此的魔力，能够让人们爆发出神奇的力量。美国的《管理世界》杂志曾经专门对此进行了调查。他们以两组人为实验对象，一组人是毕业于商学院的大学生，另一组人是企业中的中高层管理者。他们分别询问两组实验对象："一个人到底凭借怎样的品质才能获得成功？"结果，这两组实验对象都不约而同地回答："热情。"

热情是生命的源源动力，如果没有热情，生命就会像是熄火的热气球，缓缓地下坠，再也无法腾空而起。对于每一个人而言，人生的目标、方向固然重要，但是如果没有热情，就不可能实现这一切。很多曾经使用燃气做饭的朋友都会发现如果燃气不能被打着，就无法发出光和热。热情恰恰就是人生的导火索，能使人生的诸多能量燃烧起来。热情提供人生的原动力，没有热情，任何人都无法成功点燃生命。

对于每一个人而言，热情都是宝贵的财富。比起金钱和权势，热情也毫不逊色。热情能让不可能的事情成为可能，热情能够让奄奄一息的人瞬间充满活力，热情也有点石成金的神奇作用，让我们的人生瞬间变得灿烂辉煌。

如今，很多职场人士都抱怨自己的工作枯燥乏味，根本不可能做出任何成就。实际上，并非你的工作出了问题，而是你的内心出了问题。当你满怀热情，哪怕你真的在做自己不喜欢的工作，相信你的心也会因为热情而燃烧，甚至最终爱上这份工作。由此可见，热情并非是一个空虚的、毫无意义的词语，而是一种伟大的、神奇的、实实在在的力量。热情就像是永远充满动力的火车头，带动整个车身不停地向前运行。热情也是人生的推动力，作为普通人，如果要想改变命运、主宰人生，就一定要充满热情，充满希望。

在美国的一个城市里，一家名叫拍客的鱼铺经营得风生水起，而且还吸引了众多世界五百强企业的高级管理人员前去学习，这到底是为什么呢？仔细看去，这家鱼铺只有大概三十平米，而且它出售的鱼也不名贵，都是几美元一公斤的小杂鱼。但是这家鱼铺已经营业十年了，而且利润在十年的时间里翻了十几倍。不得不说，麻雀虽小，五脏俱全，这家鱼铺里有着高明的营销人员。

原本，这家鱼铺很普通，但是自从乔治接手了这家鱼铺后，它就变得与众不同了。乔治为这家鱼铺制定了经营目标：盈利、出名。乔治是个不折不扣的行动派，只要想到就当机立断去干。他马上撤换掉员工脏兮兮的工作服，而让员工都穿上红艳艳的服装。以往，员工只是等到有人来问价的时候才闷声闷气地回答，但是乔治的要求不仅于此，他要求员工“吆喝”售卖：“这条鱼真漂亮，它需要一位高贵的太太带它回家！”“这位先生太厉害了，马上就要把这些大螃蟹装到袋子里！”……一开始，员工们对这样的销售方法很抵触，但是当他们真正去做之后，却发现店里的生意异常火爆起来，很多人都因为好奇进店，又因为被吸引而不得不买些什么。尤其是当看到店员红艳艳的服装和满脸的笑容时，很多顾客觉得自己的心都被这股热情的暖流融化了。

就这样，凭着热情，这家原本弥漫着鱼腥味的店铺不仅获得了更大的利润，而且凭着独创的销售方法吸引了那些高层管理者前来一探究竟。

原本一家名不见经传的鱼铺，就因为热情，彻底扭转了命运，而且还举世闻名。不得不说，现代职场上，最缺少的就是热情的员工。企业也许轻而易举就能招聘到专业技能很强、水平很高的员工，但是他们对于充满热情的员工却可遇而不可求。举世闻名的大酒店希尔顿酒店也以服务著称，他们的员工总是对每一个宾客都笑脸相对，热情相迎。这正是希尔顿酒店的用人之道和经营之道。记住，一个人可以不聪明，但是一定要有热情。因为热情能使人折服，而聪明并非无可替代。

当然，热情绝不是隐藏在心中的，真正的热情需要表现出来。尤其是在与人相处的过程中，口头上的热情往往很难打动人心，而具体地表现出对人的重视，也乐于与人分享，才能让他人真正感受到你的热情。总而言之，热情不是简单的一句话，而是一种品质、一种力量、一种感受，也是一种行动力。

果断，让人生远离拖泥带水

所谓果断，顾名思义是拖泥带水、犹豫不决、迟疑不定、举棋不定等的反义词。果断的人，做事情也许会思虑周全，但是绝不会瞻前顾后；也许会考虑很多失败的可能性，却不会因为失败有可能发生就拒绝行动。果断的人会未雨绸缪，但绝不会杞人忧天。真正成就大事者，无一不是果断之人，因为他们敢想敢做，所以才能抓住各种千载难逢的好机会，真正展示自身的实力。

越是在危急时刻，果断的人越是能够表现出从容的气度。他们不会陷入不必要的重重顾虑之中，因为他们很清楚自己真正想要的结果是什么。果断的人也是有勇气的人，他们能够为自己的行为负责任，能够承担一切的后果和损失，而且无怨无悔。对于果断的人而言，最难以忍受的是止步不前，而不是所谓的失败。只要人生处于动态之中，他们就能胜券在握，即使失败了，也能收获很多的经验。

不管是在学习中还是在工作中，果断的人效率更高。一旦想清楚之后，他们就很少因为犹豫浪费宝贵的时间。他们深知，在事情没有最终的结果之前，一切的预测都只是推测。与其留在原地盲目地猜想，还不如一边做一边看，这样反而能够抓住契机，使得事情朝着期望的方向发展。这是果断的人做事的策略，也许对于胆小谨慎者而言这是冒进，是冒险，但是只有果断者知道，他们曾经利用这样的坚决，让自己收获了多少成功的经验。

东汉年间，班固撰写《汉书》，而他的弟弟班超却志在四方。班超应征入伍，打击匈奴。因为他在战场上骁勇善战，所以立下赫赫战功。后来，东汉王朝联合西域各国一起打击匈奴，因而特意派遣班超出使西域。

班超率领使团进发西域，首先到达鄯善国。班超极力游说鄯善国王与汉朝联合起来打击匈奴，鄯善国王久闻汉朝大名，又见班超气质威严，因而连声答应："您说得很有道理，请您先暂住几天，然后咱们再一起商议打击匈奴的事情。"班超应邀住下，开始几天，鄯善国王的确盛情款待班超一行人，然而几天之后，鄯善国王的态度越来越冷淡，非但对班超避而不见，而且绝口不提打击匈奴的事情。

班超心生疑惑，马上召集使团共同商议。最终，他们决定先派人潜入王宫打探情报，结果发现鄯善国王正在陪匈奴使者喝酒畅聊。随后，班超四处打探消息，得知匈奴的使团也来到此地。匈奴的使团多达100多人，而且全副武装，班超当即决定消灭匈奴使团，完成联合的使命。当夜，班超凭着虎胆龙威，带着随从把毫无戒备的匈奴全都杀掉了。次日，班超提着匈奴使者的人头去见国王，国王震惊不已，当即与班超签订了同盟协议。后来，西域其他国家知道了班超的勇猛，也主动与班超签订同盟协议。

在这个历史典故中，如果班超不是在发现鄯善国王善变且与匈奴勾结后果断采取措施，消灭匈奴使团，也许被消灭的就变成班超一行人。由此可见，在危机时刻，最重要的就是果断，一旦有任何拖泥带水的行为，都可能导致错失良机，也会导致事情变得无法挽回。

记住，没有任何一种选择和决定是万无一失的。哪怕我们想得再周全，也会智者千虑必有一失。因此与其在事情真正展开之前浪费时间，不如把时间留着等到事情开始推进之后再走一步看一步，这样会更有针对性，也能对事情的圆满解决起到积极的作用。

我的人生我做主

每个人的人生都掌握在自己手中，人最大的成功不是活成别人认为的成功的样子，而是活成自己的主角。每个人都要记住，只有自己才是命运的主宰，只有自己才是灵活的掌舵手。记得成龙有一首歌里唱道“男儿当自强”，其实不仅男儿当自强，每一个人都应当自立自强，自尊自重自爱，只有这样才能活出自己的精彩。

生命的可贵在于创造性，一个人如果总是亦步亦趋地模仿别人，或者被他人奴役，那么他们就无法享受创造的成果，更无法感受到掌握自己生活的快乐。细心的朋友们会发现，大多数成功者都拥有独立自主的性格。他们敢于肩负起生命的责任，而且对于自己决定的事情，绝不会因为其他人的指手画脚就轻易改变。因此，独立自主的人更容易活出自己的样子，也更能够获得幸福和快乐。

不得不说，这个世界上最大的不幸，就是失去自我，无法自主。也许有些朋友对于自己缺乏信心，总觉得自己不是最优秀的那一个，因而就妄自菲薄，不敢坚持自己的想法和主见。殊不知，每个人都是这个世界上独一无二的存在，每个人都有自身鲜明的特色。坚持自我，活出自己的精彩，才是真正的成功。

需要注意的是，独立不仅仅意味着行为上的特立独行，更标志着思想上的自成一格。一个人唯有能独立思考，才是真正的独立，才能拥有自主权，才能为自己的人生着色。

1791年，一个小生命降临人世，他就是后来举世闻名的大科学家法拉第。法拉第的家庭非常穷困，又因为子女太多，所以父亲哪怕拼尽全力去挣钱，也无法让每个孩子都吃饱肚子。从很小的时候，法拉第就因为经常挨饿，而对饥饿留下了深刻的印象。对于连饭都吃不饱的家庭，可想而知更没有多余的钱让孩子去读书。然而，法拉第求知若渴，他有自己的见识，希望自己能够学习到更多的知识，从而才能彻底改变命运，摆脱贫穷。才刚刚十二岁，法拉第就成为一名小报童。他之所以选择卖报纸，一则是因为他想自力更生养活自己，二则是因为他还可以借助于卖报纸的机会，读书认字，从而竭尽所能学习文化知识。过了一年，法拉第长大一些了，就进入了印刷厂工作。同样的道理，他之所以选择印刷厂，还是想利用工作之便让自己有更多的机会和时间学习。

为了节省时间读书，法拉第对待工作非常勤奋。有的时候，他在给客户送货的路途中，也会捧着书本边走边看。光阴荏苒，几年的时间转瞬即逝，在印刷厂里，法拉第学习到了更多的文化知识，再也不是没有文化的“睁眼瞎”了。也正是在学习的过程中，法拉第发现自己特别喜欢电学和力学。常言道，兴趣是最好的老师，法拉第没有钱买书本，就将印刷厂里废弃不用的纸张装订好，作为笔记本使用。为了避免遗忘，他还在学习的过程中随手记下重要的知识和资料，并且在笔记本上配上插图，让笔记变得栩栩如生，一目了然。

有一次，丹斯无意间看到法拉第的笔记本，不由得万分惊讶。丹斯是英国皇家学会的会员，他马上意识到法拉第是很勤奋好学的，而且也有天赋，为此，他主动把皇家学院的听课证送给法拉第。从此之后，法拉第终于不用独自一人在知识的海洋中探索，而可以在皇家学院旁听。也正是因为得到了这样的机会，法拉第才有机会亲耳听到大科学家戴维的讲座。为了能够得到戴维的赏识，法拉第把精心整理的讲座内容寄给戴维，并且表现出对戴维的爱慕，也希望戴维能够帮助他打开科学的大门。戴维很欣赏法拉第的勤奋用功，因而决定聘请法拉第担任他的助手。就这样，在戴维进行研究旅行时，法拉第理所当然得以追随。戴维的这次旅行进行了一年半之久，法拉第也因此得到了一年半跟随戴维进行学习的大好机会。回国之后，法拉第经过一段时间的独立研究后，最终发现了电磁感应现象。

如果法拉第被贫穷打败，那么他就不可能成为恩格斯口中“迄今为止最大的电力学家”。法拉第的成功，是因为他不甘于被命运打败，也不甘于成为命运的奴隶。所以他始终非常努力，绝不屈从于命运，而是想方设法为自己找到学习的机会，从而彻底改变自己的文盲状态。不得不说，法拉第是自己命运的主宰，也是自己人生的掌控者。

人人都知道要活出自己的精彩，但是真正能够做到这一点的人却少之又少。归根结底，命运掌握在我们自己手中，当我们对命运屈服，就会变成命运的奴隶。面对命运的坎坷和波折，我们唯有鼓起勇气抗争，绝不屈服，才能扼住命运的咽喉，成功地驾驶命运之舟驶向人生的彼岸。

第05章

认识不良性格，控制它并且最终战胜它

性格尽管没有纯粹的好坏之分，但是很多性格的确不利于人的健康成长和发展。因而，我们要认识不良性格，深入剖析不良性格的利与弊，并且最终理智控制不良性格、改变不良性格，使其对我们的成长起到积极的作用。

狭隘，让人生陷入绝境

把一粒米放到一个盘子中，这粒米会非常显眼；把一粒米放到一个米缸中，如果不仔细寻找，你根本不会注意到这粒米的存在。这就是因为背景的不同，导致你对事物的认知也不同。假如把这粒米换成一件不那么令人愉快的事情，那么如果你的心胸狭隘，你就会对这件事情耿耿于怀，牢记于心，甚至因此而与别人产生隔阂。反之，如果你的心胸开阔，那么你对于这件事情就不会留心，甚至完全不放在心上，你与别人的关系更不会因为这件事情受到影响。由此可见，心胸是狭隘还是开阔，对于人们对某件事情的看法有着至关重要的影响，也会作用于人际关系。

从本质上而言，心胸狭隘不仅会造成人际关系的紧张，而且心胸狭隘者自身也一定是非常难受的。大多数心胸狭隘的人，既拿不起，也放不下，他们思维的范围很小，总是坐井观天，这也导致他们的性格越来越固执，眼界越来越狭窄，也使得自身的发展受到局限，看待任何事情都更容易从主观立场出发，以偏概全。常言道，心有多大，舞台就有多大。毫无疑问，心胸狭隘的人，他们看到的世界有限，他们的人生舞台也就很小。

一个狭隘的人，很难拥有开阔的视野，也无法让人生一马平川。曾经有心理学家经过研究发现，大多数狭隘的人都非常自私，他们总是唯我独尊，从来不愿意接纳他人的意见或者看法，在考虑问题和做出抉择的时候也总是从自己的利益点出发。他们的妒忌心也很强，根本容不得别人比他们优秀。长此以往，他们的人际交往必然受到影响，因为没有人愿意与孤僻、自私的他们相处。

不得不说，一个人一旦形成狭隘的性格，必然导致人生发展处处受到限制。一个人哪怕再优秀，也会因为狭隘而到导致难成大器。古今中外，大凡成就大事者，无一不是心胸开阔且大肚能容的人。而那些狭隘者，最终的结局都难逃悲剧二字。

明朝时期，李善长在朝廷中担任宰相，他的官位很高，一人之下，万人之上。和很多人从小家境贫苦不同，李善长从小就出生在富裕的家庭中，因而小小年纪就饱读诗书，虽然不能称为是学富五车，但是对于如何治理正处于动乱之中的国家有着自己的独特见解。他做人特别有城府，虽然能力很强，但是更愿意采用心计取胜。刚开始时，他一心一意追随朱元璋，帮助朱元璋打天下，是个不折不扣的开国功臣，因而也深得朱元璋的信任。

1368年，朱元璋在南京登基。在盛大的登基庆典上，李善长作为主持人，简直出尽了风头。自从朱元璋成为开国皇帝，原本作为小文员的李善长，也摇身一变成为开国功臣。朱元璋没有忘记李善长的衷心追随，当即封李善长为开国辅运韩国公。为了表示对李善长的特别对待，朱元璋还赐予他两次免死的机会。总而言之，在开国之初，朱元璋对于李善长的评价非常高。然而，随着官运亨通，渐渐地，李善长的性格越来越暴露无遗。尤其是担任宰相之后，李善长的势力不断增强，他总是袒护自己的亲信。有一次，他的亲信李彬犯下贪污罪，必须接受其他官员的调查，但是他却想方设法阻挠，替李彬掩盖罪行。然而，朝廷负责贪污犯罪的官员清正廉洁，为人正直。李善长虽然横加阻拦，他们却无所畏惧，最终以贪污罪处死李彬。为此，李善长对相关的负责官员怀恨在心，还想出一切办法迫害相关官员，最终导致官员不得不辞掉官职，躲避到老家。后来，李善长不改心胸狭隘的坏毛病，对很多曾经不能让他顺心如意的官员都施加迫害，而一味地袒护自己的亲信。最终，朱元璋实在无法忍耐，借助于铲除叛臣胡惟庸的机会，将李善长株连九族，满门抄斩。

在历史上，李善长原本是明朝的开国功臣，原本应该善始善终，最终却因为性格狭隘，总是庇护自己的亲信，消除异己，导致受到叛变者的牵连，最终被株连九族，满门抄斩，落得个无比悲惨的下场。假如李善长能够把公平正义放在心间，对于犯罪的亲信不护短，对于其他官员的清正廉洁给予认可和赞扬，那么他也许就能够善始善终。

人的性格如果狭隘，在看待很多问题的时候，未免就会犯主观主义的错误，也会导致自己的理智被蒙蔽，无法看到事实和真相。尤其是作为掌握权利的人，更应该拓宽眼界，开阔心胸，尽量从客观公正的角度看待问题，才能尽量避免犯错，也才能让人生发展顺利。

刚愎自用，让你成为孤家寡人

大多数刚愎自用者，都是唯我独尊的。他们总是把自己看得很重，甚至盲目自大，误以为自己就是整个宇宙的中心，而完全忽略他人的存在。他们总是把自己的利益看得高于一切，考虑任何问题都从自身的利益出发。在与他人意见不一致的情况下，他们也总是固执己见，觉得自己的所思所想都是完全正确的，而丝毫不顾及他人的意见和态度。总而言之，刚愎自用者眼里只有自己，而没有他人。如此日久天长，他们必然会遭到他人的厌弃，而成为孤家寡人，自身的发展也会因为得道多助、失道寡助而受到局限。

仅从表面来看，刚愎自用的性格也许与刚毅果敢的性格有些许类似。实际上，刚毅果敢的人在危急时刻往往能够表现出英勇气概，绝不轻易放弃，而刚愎自用者却不然。他们的眼睛里只看到自己，他们的心中没有任何人的位置，他们之中也许的确有些人能力超群、学识渊博，但是他们的故步自封，导致他们最终一定会惨遭失败，而与成功彻底绝缘。他们总是把自己看得高于一切，因而也就眼高于顶，不把任何人看在眼里，他们之中有些人也许的确有所成就，但是他们的盲目骄傲和自大，会导致他们错失发展的最好机遇，最终只能彻底失败。

吕布原计划在濮阳和曹操开战，然而，陈宫考虑到吕布的兵力并不是很充足，还不足以有十成的把握对战曹操，因而建议吕布先设置埋伏，伏击曹操。然而，吕布有些狂妄自大，对陈宫的建议不以为然，最终，他在至关重要的兖州仅仅安排了两名副将驻守，而自己则亲自率领大军驻守在濮阳。可想而知，只有两名副将，哪里能够守得住兖州呢。曹操率领精兵强将，几乎毫不费力就夺下了兖州。随后，曹操又率领大军直奔濮阳。这个时候，陈宫再次进谏，极力建议吕布避开曹操的主力大军，先以守为主，等待援军到来。不想，吕布却依然固执已见，丝毫不把陈宫的建议放在眼里，而自傲自大，以为自己是能力挽狂澜的英雄。最终的结果可想而知，吕布连濮阳也彻底失去了。

吕布和曹军在徐州进行交战时，被曹军如同箍铁通一般团团围困在下邳城。转眼之间，下邳城成为一座孤城。在当时，吕布尚且还有微弱的军队实力，因而全体将士无一人不想与曹军殊死一搏。这个时候，陈宫也不建议吕布继续避让，而让吕布采取攻势，与曹操决一死战，拼出个胜负来。但是吕布却仗着自己还有很多的粮草，因而不管不顾全体将士的意愿，坚决采取守势，最终失去了最佳的战机，只能坐以待毙。无奈之下，陈宫建议吕布采取内外夹击的战术，扭转败局，但是吕布却因为听信枕边风，还是不愿意采纳陈宫的建议。看到吕布终日沉迷酒色，不思国家大事，陈宫也意志消沉，再也没有任何办法挽回局面。

因为对吕布失去信心，很多部下都弃吕布而去，投奔曹操麾下，但是吕布依然刚愎自用，不思悔改。吕布自认为善待部下，部下却指责吕布总是听信妇人之见，而置全体将士的建议于不顾。吕布这才幡然悔悟，虽然懊悔，却悔之晚矣，彻底失败。

自古以来，因为刚愎自用而失败的事例并不在少数，例如西楚霸王项羽，当时也是因为过于自负，导致乌江自刎，一世英雄一声慨叹。时至今日，依然有很多人认为项羽才是真正的盖世英雄，但是，真正得到天下的却是刘邦。刘邦性格坚韧，头脑灵活，胸怀博大。所以，刘邦最终才能战胜“力拔山兮气盖世”的项羽，坐稳江山。

现代社会，尽管人人都是小人物，但是依然要拥有好性格，才能避免刚愎自用、过度自负。唯有如此，我们才能虚心采纳他人的意见和建议，也才能中和自己的偏执，弥补自己的不足之处，从而让自己的性格更完善，距离成功也越来越近。

不要陷入欲望的深渊

人性是自私的，也是贪婪的，当自私的人性陷入欲望的深渊，结果可想而知。欲望会彻底变成人生的黑洞，导致人不断地索取，不断地奢求，而又永远都得不到满足。当一个人过于贪婪的时候，他们不但不会珍惜自己所拥有的一切，反而还会因为贪婪而失去已经得到的一切。这就是命运对于贪婪之人的惩罚。

贪婪是要付出代价的。现实生活中，人们为了追求想要的东西不择手段，甚至做出违法乱纪的事情，但是他们最终失去了做人的单纯与快乐，从此之后彻底与幸福绝缘。正如哲学家所说的，人生有得必有失，很多时候我们看似得到很多，实际上却失去得更多。我们看似得到了自己心仪已久的一切，实际上得到的一切根本无法弥补我们失去的一切。因而在人生之中，我们必须擦亮眼睛，问清楚自己的心：我到底想要怎样的生活？我最想得到的到底是什么？唯有明确这个问题的答案，我们才能真正实现人生的目的，得到自己想要的一切。

很久以前，有个人渴望得到沙漠中的宝藏，因而带着食物和水深入沙漠腹地。但是他找了很久，也没有找到宝藏，而他带的水和食物已经完全消耗光了。他又累又饿，瘫倒在炙人的沙漠上，绝望地等待死神降临。临死前，他最后一次祈祷：上帝啊，请帮助我吧！

上帝真的出现在他的面前，问他："你需要怎样的帮助？"

他奄奄一息："我只想要很少的水和食物。"他的话音刚落，眼前就出现了很多水和食物。他赶紧喝了很多水，又吃了一些食物，恢复了体力，因而带着剩下的水和食物继续向沙漠深处进发，他真的找到了宝藏，他把身上的每一个口袋都装满了宝藏，还把食物和水也扔掉，这样就能用装食物和水的袋子装更多的宝藏了。他兴致勃勃背起宝藏往沙漠边缘走去，然而他走了很久，也没有到达沙漠边缘。他再次如同一条将死的鱼一样躺在沙漠上奄奄一息。上帝再次出现在他的身边，问："你需要怎样的帮助？"他毫不迟疑地喊道："我只要水和食物，我再也不想得到宝藏了。”

日常生活中，很多人为了追求金钱、名利和权势，总是不顾一切，甚至放弃自己已经拥有的幸福，不惜伤害身边的人。然而，等到真正成为有钱有势的人之后，他们才意识到那些最微小的幸福，才是人生之中最值得珍惜的。正如很多人对于把握在手中的幸福总是不以为然，而等到失去幸福的那一刻，才会幡然悔悟：幸福已经从身边悄悄地溜走了。

人，总是觉得自己拥有的太少，得到的太少。正因为如此，人心才会陷入欲望的深渊之中无法自拔。假如人能更理智一些，知道再多的身外之物都是生命的负累，唯有全心全意珍惜手中的幸福才是正道，那么人也许就能少走一些弯路，也能在生命中享受到更多的幸福和快乐。

叛逆，也许会导致事与愿违

众所周知，当孩子进入青春期，因为身心处于快速发展之中，也因为荷尔蒙的分泌，所以孩子总是产生逆反心理，似乎一夜之间就与父母成为仇人，时时刻刻都要与父母作对。很多时候，哪怕父母说的是对的，孩子也总是与父母背道而驰。而明明知道自己是错的，他们也会坚持自己的主见，不愿意做出任何妥协和改变。这是典型的青春期叛逆心理在作怪，也使得孩子们变得不可理喻，很多父母都因为青春期孩子的叛逆而抓狂，更不知道如何才能引导和教育青春期孩子。

不仅青春期的孩子会有叛逆心理，很多成人的性格特点就是叛逆。叛逆型性格，就像是一团熊熊燃烧的火焰，既可以燃烧自己，也能够燃烧他人。在与叛逆型性格的人相处时，很多人都觉得无法面对和忍耐他们，因为叛逆型性格的人就像是一个蜷缩起来的刺猬，总是时不时地扎人、刺人，谁只要靠近他们，就会被他们无情地伤害。前文我们说过，性格决定命运，这一点在叛逆性格的人身上表现得更为明显。他们从不向生存的环境和任何人屈服，面对强硬，他们的态度是绝不妥协，哪怕把自己撞得头破血流也在所不惜。

很多性格温和的人，都会采取潜移默化或者循序渐进的方式改变环境，而叛逆性格的人面对人生的不如意，马上就会真刀真枪地开始干起来，丝毫不懂得迂回曲折和圆滑处世。在现代社会如此复杂的人际关系中，叛逆性格的人很容易就会把自己撞得头破血流。他们或者被环境吞噬，在环境的强大作用下彻底败下阵来，或者战胜环境，成为人生的英雄和主角。总而言之，叛逆性格的人做人做事都非常极端，他们从不妥协，而是带着飞蛾扑火的牺牲精神勇往直前，哪怕真的因此而失去生命也在所不惜。实际上，周围的环境和身边的人，并不会因为叛逆性格的人一往无前的勇气就妥协，在以硬碰硬的过程中，叛逆性格的人往往结局悲壮，难以自保。

毫无疑问，每一种性格都既有优势也有劣势，没有任何性格能够占尽所有的优势，也没有任何性格完全处于劣势。每一种性格都有优点和长处，然而凡事过犹不及，叛逆性格的人如果在坚持真理方面始终坚持原则，那么就能捍卫真理。反正，如果在日常生活和工作中也始终叛逆，那么就会导致人际关系恶化，也会导致事情的结果完全背离预期发展。此外，还有人的叛逆表现在学习方面，毋庸置疑，这对于人生的发展是没有任何好处的。所以每一种性格都要处在合理的氛围下，才能发挥所长，起到强大的作用。

大学毕业后，林峰原本想留在家乡的省城里找一份工作，这样离家里也比较近，可以照顾年迈的父母。然而，在得知父亲已经四处托人找关系给他找了一份工作后，林峰却突然心生逆反，不愿意留在家里了。他暗暗想道：我想留在家里，是为了照顾你们，你们却狠心要把我拴在身边，不愿意让我去更广阔的天地里生活。

就这样，林峰放弃得来不易的工作机会，背起行囊去了遥远的大城市独自打拼。转眼之间，几年的时间过去了，城市居大不易，林峰在个人发展方面也没有取得好的进展。得知父亲生病，他只好辞掉工作再次回到家乡，照顾年迈的父亲。后来，他不想再去大城市打拼，就去了省城，一切又重新开始。

在这个事例中，林峰的性格就是比较叛逆的。原本，他已经想好毕业后留在省城工作，这样也可以照顾年迈的父母，但是在得知父亲已经煞费苦心为他找好工作之后，他又心生叛逆，一个人背起行囊去了大城市。不得不说，林峰完全走了弯路，也是因为一时冲动才做出故意远离家乡的举动。

叛逆心理比较强的人，很容易导致自己故意与他人作对。哪怕别人说的是对的，哪怕别人说的也正是他们所想的，他们也不愿意配合别人，而是坚决要做出与他人所想截然不同的举动。不得不说，这样的叛逆者心理状态不够健康，看起来他们是在与别人作对，实际上他们是在与自己的人生较劲儿。

胆小软弱，让人生畏缩不前

现实生活中，人们常常用勇敢无畏、坚强不屈来形容那些强者，而实际上有些人性格与强者恰巧相反，那就是胆小怯懦、畏缩不前，很容易在他人的强权和高压下变得屈服，根本不敢说出自己的真实想法，更不敢按照自己的心意坚持去做什么事情。毫无疑问，这样的人是胆小之人，他们对于生活已经习惯了忍辱负重、委曲求全。他们从来不会主动攻击他人，甚至连为自己申诉委屈都做不到。正因为如此，他们的人生从来都是沉重的、憋屈的，甚至从未有过舒心一天。日久天长，他们的性格越来越怯懦，哪怕能力很强，他们也不敢表现自己。哪怕内心深处渴望与他人交流，他们也总是压抑自己，生怕自己说出来的话是错的，招人嘲笑，或者是被他人不以为然地对待。毋庸置疑，一个胆小怯懦的人，一定是非常自卑的。在人生之中，他们唯唯诺诺、畏畏缩缩，因而总是受到委屈，并且遭遇失败的打击。

看到这里，朋友们一定会告诉自己不要做一个胆小怯懦、性格软弱的人。实际上，每个人的内心深处都会有恐惧，每个人的性格中也都会有胆小怯懦的成分。越是在人生中遭遇艰难坎坷的危急时刻，人们的内心深处一旦被胆怯占据优势，人们就会变得越畏缩，越缺乏勇气。相反，假如内心深处虽然害怕，但是理智却告诉自己必须勇敢面对，那么人们就能鼓起信心和勇气，硬起头皮面对一切。记住，哪怕是伪装出来的勇敢，也能真正帮助我们有效战胜怯懦，所以假装勇敢同样可贵，同样能够让我们为人生争取到更多的契机，获得更多成功的机会。

历史上，南唐的李煜并没有在政治方面有什么值得推崇的地方，然而，他却是一个至情至性的词人，他博学多才，才思敏捷，因而为后人留下很多首经典的词。

从性格角度而言，李煜是一个胆小怯懦之人，从未表现出作为政治家和一国之君应有的英雄气概。公元961年，李煜在金陵即位，当时他二十五岁，根本无力面对复杂的政治局面。他天真地以为，面对虎视眈眈的大宋王朝，只要毕恭毕敬，赵匡胤就能放过他，让他安安稳稳地守在江南，吟诗作赋，风花雪月。

然而，李煜根本不是赵匡胤的对手，面对赵匡胤的咄咄逼人，他只得忍辱负重，委曲求全。不想，赵匡胤从未想过因为李煜的懦弱就放过他，反而更加步步紧逼，最终彻底灭了南唐，李煜也因此成为阶下囚，成为亡国之君。此后，李煜在长期的被囚禁生活中，也意识到自己懦弱的性格害了国家，但是却悔之晚矣。

作为一个君主，在复杂的政治斗争中心，懦弱当然不是一种值得赞许的好性格。正因为如此，李煜才会国破家亡，沦为亡国之君。但是作为一个词人，李煜的悲天悯人、多愁善感，恰恰让他的词充满悲情的气息，也成为一个时代的经典。不得不说，每种性格都有优势和劣势，最重要的是，我们要找到合适的平台，从而把自己的性格优势发扬光大，成就自己的人生。否则，正如人们常说的，男怕入错行，女怕嫁错郎，而一个人一旦选错了职业，让自己的性格弱点加剧了生活的艰难，那么后果也就不堪设想。

实际上，懦弱的性格并非完全一无是处。通常情况下，懦弱的人观察力更强，感情也更加细腻。他们非常适合从事文学艺术类的工作，甚至有人形容他们为天生的艺术家。他们那种放在其他行业都会遭到唾弃的懦弱性格，一旦在文学艺术的天地中，就会马上自由地徜徉，也能轻而易举就做出杰出的成就。诸如举世闻名的作家卡夫卡，也是一个生性怯懦的人。父亲因为他浑身上下没有任何地方能表现出男子汉的英勇气概，甚至不止一次怒骂他，呵斥他。然而，卡夫卡最终找到了最适合自己的工作，那就是成为一名伟大的作家。他在文学创作的天地里如鱼得水，游刃有余，也做出了举世瞩目的成就。

第06章

性格决定命运，不断健全自己的性格掌控人生

人生，是一场没有归途的旅行，命运也是从来不可逆转的河流。每个人都希望自己能够牢牢把握命运，让命运驶向自己期待已久的彼岸。然而，理想总是很丰满，现实总是很骨感，大多数情况下，命运就像是在与我们开玩笑，总是让我们大跌眼镜。既然性格能够决定命运，我们何不通过改变和完善性格，来得到好运呢？相信自己，你就可以做到！

你就是你，独一无二

每个人都是这个世界上独一无二的存在。尽管这个世界上有很多成功者，他们享誉国际，富可敌国，但是没有人能够复制他们的成功。同样的道理，我们虽然很普通，就像尘埃一样渺小，从不惹人注意，但是我们同样也有属于自己的命运轨迹，从而也造就了我们与众不同的人生。所以哪怕生命再平凡，也不要妄自菲薄，你终将成为无可替代的生命个体，也终将成为自己。

现实生活中，很多人都妄自菲薄。他们或者觉得自己出身卑微，既没有显赫的家世，也没有独特的天赋，或者觉得自己过于平凡，甚至连一份像样的工作都没有。也有人觉得自己的一生就像白开水般平淡，就连爱情也是按部就班的，没有渴望中的轰轰烈烈。的确，你很平凡，而且大多数人的人生都如你的人生一样波澜不惊，平淡寡味。然而，他们却有滋有味地活着，从来不像你这般对于生命失去渴望和憧憬，对于人生了无希望，更提不起半分的兴致来。大多数平凡的人还是活得很充实的，他们按部就班地学习、读书、工作、恋爱、结婚、生子，尽管这一切看起来太过平凡，但是他们却从中感受到生命的可贵与惊喜。反倒是你，过于盲目地追求成功，总是对现状百般不满意，最终却失去自我，迷失自我。

正如一位名人所说，这个世界上绝没有两片完全相同的树叶。同样的道理，这个世界上也绝没有两个完全相同的人。因而不管什么时候，都不要盲目羡慕他人的生活，而要意识到自己是与众不同的，是不可替代的，也是最为独特的。

作为一名模特，辛迪的名气很大，不但在美国无人不知、无人不晓，哪怕是在国际模特界，也处于一线地位。很多喜欢辛迪的人，都觉得她嘴角的那颗痣特别有特色，特别引人注意，还有人觉得那颗痣十分性感。他们却不知道，辛迪在刚出道的时候，还因为这颗痣而遭到拒绝呢！

十八岁那年，辛迪考入大学，就像一朵娇艳欲滴的花骨朵，绽放出美丽。她身材高挑而又匀称，脸蛋也长得很漂亮，堪称美人，因而在大学校园里得到了极高的关注度和回头率。正是在大学期间，有一位摄影师发现了辛迪，还特意为她拍摄了很多侧面的照片。后来，模特公司注意到辛迪的存在，也纷纷向辛迪伸出了橄榄枝。然而，信心满满的辛迪才去模特公司面试，自信心就备受打击。原来，模特公司的人建议辛迪去美容，把嘴角的黑痣去掉。辛迪当然不同意，她相信这颗黑痣是上帝赐予她的，是她与众不同的标志。为此，辛迪拒绝了模特公司的要求。此后，辛迪又面临很多次机会，都因为拒绝去掉黑痣而失去了。很久之后，辛迪才等来真正属于她的机会。露华浓公司选中了辛迪作为他们的专属模特儿。辛迪以最有个性的形象出现在大众面前，她嘴角的黑痣是那么明显，似乎正在向全世界显示她的特立独行和桀骜不驯。

后来，在接受记者采访时被问起为何要保留那颗黑痣，辛迪说：“尽管我被要求去掉黑痣时还默默无闻，但是我知道有一天我一定能够举世闻名。如今这一天来了，我相信全世界都是凭着这颗黑痣来认识我、区分我的。”

作为一个必须极具个性的模特，辛迪显然保持了自己的个性，而且最终走入了全世界人民的视野。辛迪的经历告诉我们每个人，唯有自己才是自己的重心所在，每个人都要活出最真实的自我，而不要想变成他人的模样。一个人唯有活出最真实的自我，才能让自己区别于其他人，也才能赢得全世界的认可和赞赏。

人生在世，每个人都是这个世界上绝不雷同的存在。每个人不但长得并非完全相同，外在的气质和内在的性格更加是不可颠覆的。甚至对于每个人而言，个性都是最无价的财富，一个人如果失去个性，变得和大多数人相同，那么也就无所谓自我。所以朋友们，对于成功，你们一定要摆正心态，要相信真正的成功就是活出自己的精彩，变得与众不同，变得孑然于世，最终也能拥有自己的声音，绝不人云亦云。

改变性格，命运也随之改变

人们常常觉得命运是天赐的，根本无法改变。实际上，既然性格决定命运，那么改变性格也就能够改变命运，这当然是人生中迂回曲折的方法，但对于人们把控和操纵人生，有着不容忽视的重要作用。

众所周知，在动物世界中，蚂蚁是最遵守秩序和规则的，而且蚂蚁非常勤奋，工作起来效率倍增。蚂蚁尤其讲究效率，虽然在赶往食物地点的时候他们不知道哪条路是捷径，但是在搬运食物回巢的时候，他们一定会选择一条捷径，用最短的时间走最少的路，把食物运送回巢穴。不得不说，蚂蚁的性格特征就是追求完美。然而，蚂蚁型性格的人，不仅会把追求完美的优点发扬光大，有时甚至矫枉过正。他们因为过于追求完美，非但没有提高效率，反而无形中给自己的生活带来很多麻烦。例如对于生活中很多随性的事情，蚂蚁型性格的人却会弄得特别复杂。最简单的事例是，普通人煮鸡蛋就是冷水下锅放入鸡蛋然后煮开之后再煮几分钟，而蚂蚁型性格的人总是强迫自己经过不断地实验，最终论证出到底要放入多少水、煮几分钟，水开之后再焖煮几分钟，才能让鸡蛋煮得恰到好处，最好吃，且最节约能源。不得不说，蚂蚁型性格的人真是过于追求完美了，也导致自己非常苦恼，因为他们同时还是强迫症患者，只要达不到心中的完美程度，就决不罢休。

当然，每一种性格都是有优势也有劣势的，前文我们以蚂蚁型性格者做出简单的分析，并非就是说蚂蚁型性格不好。换言之，换作其他的性格类型，也同样会有劣势，在矫枉过正的情况下，也同样会导致事与愿违。例如生活中有很多人有洁癖，这种性格就是把对于干净卫生的追求发挥到极致。再如有些人刚愎自用，总是过于相信自己的判断，而对他人的建议完全不放在心上，这就是狮子型性格者的性格陷阱在发挥作用。正是从这个角度出发，心理学家才再三告诫每一个人：要想成为命运的主宰，必须先改变和完善自身的性格。

那么，怎样才能改变和完善自己的性格，让自己的性格变得更趋于完美呢？需要注意的是，性格的改变并非一朝一夕的事情，唯有循序渐进，付出足够的耐心和坚持的毅力，改变才能发生。例如小鹿出生之后并不会奔跑，而鹿妈妈就不停地踢着还没睁开眼睛的小鹿站起来。当小鹿因为四蹄无力而趴在地上时，鹿妈妈马上会再次狠心地踢小鹿，让小鹿勉强支撑自己的身体站起来。在鹿妈妈近乎残酷的训练方法下，小鹿很快就变得强壮起来，也能够以最快的速度学会奔跑，学会保护自己。

人生的成长，也和小鹿学习站立一样。没有任何一只小鹿生下来就会站立，人也并非生下来就是全能手。新生儿从呱呱坠地开始，只会发自本能地吮吸母乳，其他的一切都需要父母的照顾。随着不断地成长，小婴儿的力量越来越强大，也持续地学习各种技能，才能从容应对生活。由此可见，人成长的过程就是不断学习的过程，人们通过学习优化自己，也通过学习督促自己不断地成长。正如前文所说，性格只有一小部分取决于先天的遗传因素，而大部分都取决于后天的因素。正因为如此，人们才可以通过后天的努力渐渐地改变自己的性格，完善自己的性格，也最终通过性格来操控命运。有的时候，哪怕我们不去有意识地改变性格，通过不同的人生经历和阅历，也还是可以优化自己的性格的。这是因为人的经历、经验等，都会潜移默化地改变人的性格。

作为日本狮王公司的普通职员，加藤信虽然性格急躁，但是对待工作非常认真负责。有一段时间，他经常加班到很晚，因而早晨起床总是着急地洗漱。也许是因为忙中出错，加藤信动作力度有些大，居然把牙龈刷破了。看着出血的牙龈，加藤信懊恼不已，天知道这是他自从加班之后第十几次弄破牙龈了。最让他郁闷的是，他用的是自己公司生产的牙刷，为此他很想怒气冲冲地冲到公司里，当面质问技术部的负责人到底是如何控制牙刷质量的。

在去往公司的路上，加藤信意识到自己刚才过于急躁了。正因为如此，他才没有控制好刷牙的力度，导致牙刷的毛把牙龈刺破。到了公司之后，加藤信没有急于去找技术部的负责人，而是找出一个放大镜认真观察牙刷毛的顶端。果不其然，牙刷毛的顶端非常尖锐。加藤信不由得陷入深思："假如我能够把这些尖锐的切面磨圆，使其圆润，那么它们就不会那么锋利，也就不会再轻易刺破人的牙龈了。"

为了让自己的设想变成现实，加藤信一改往日急躁的性格，而是耐下心来认真地研究如何让牙刷毛的顶端变得圆滑。最终，加藤信成功改良了牙刷毛。从此之后，加藤信很少被牙刷毛刺破牙龈了。为此，狮王牙刷也成为进入市场的第一款圆头牙刷，深受消费者的喜爱和欢迎。经过十几年的历练之后，加藤信顺利荣升为狮王牙刷的董事长，带领狮王牙刷继续为消费者服务。

在这个事例中，加藤信之所以能够细心地发现牙刷毛的顶端是尖锐的，就是因为他经常因为急躁被牙刷毛刺破牙龈。而面对无意间发现的问题，他并没有着急，而是静下心来思考和解决问题。实际上，每个人的性格都具有优势和劣势，只要我们有意识地避开性格的劣势，更多地发挥性格的优势，就能扬长避短，让自己获得更好的成长和发展。

人是万物的灵长，人能够主动地认识自己，改变自己。面对不那么完美的性格，每个人都应该发挥一日三省吾身的精神，从而更有的放矢地完善自身的性格。当性格变得越来越趋向于完美时，我们也就能够有的放矢、效率倍增地生活和工作了。

明察内心，改变由心而生

很多人自以为很熟悉自己，因而总是对自己视若无睹。通常情况下，人们更关注其他人的性格，也更了解其他人的性格，但是真等到要面对并且描述自己的性格时，他们才发现自己根本不了解自己，甚至对自己的性格浑然不知。那么，这到底是为什么呢？这是因为人们总是对镜子里自己的面庞习以为常，甚至不再仔细观察。细心的朋友们会发现，当认真观察自己的五官时，甚至会产生陌生感，扪心自问：这到底是谁的面孔呢？这真的是我的脸吗？

看到这里，有些朋友也许会哑然失笑：一个人难道会不认识自己吗？实际上，这并非是例外，而是现实生活中经常会发生的事情。一个人很容易不认识自己，尤其在他们从未认真仔细地观察过自己的情况下。对于每天都能看到的面孔尚且如此陌生，可想而知人们对于自己的性格有多么陌生。人如果想发展，就必须深刻认知和了解自己，并且深入剖析自己，从而知道自己的优势和劣势所在，也知道自己的性格中有哪些需要完善的方面。实际上，在知道了认识自己的重要性之后，再有针对性地展开对自己的观察和了解，会发现认识自己并不难。

要想了解自身的性格，我们要做到以下几点。

首先，要对性格有正确而又清醒的认识。很多人误以为性格就是真实的自我，就是自己的本我，实际上并不然。性格其实是人们的外在表现，是所谓的超我，也就是每个人想要呈现在他人眼中的样子。这种经过梳理和完善的自我，显然与最真实的自我截然不同。

其次，性格的测试和划分往往使我们的思想被局限，使我们误以为自己应该是某种样子。实际上，这种观点也是错误的。因为性格并非是你真正的自我，而是你表现出来的样子，如果你想要改变自己的性格，你就能够实现。除此之外，我们还要有与时俱进的观点，能够根据事情发展变化的情况以及我们自身意愿的改变，更加有的放矢地认清楚自己的性格。

再次，每个人的内心深处都有会有恐惧的存在，只不过那些勇敢者以勇敢战胜了恐惧，而那些胆小怯懦者总是畏缩后退。当发现自己心怀恐惧时，不要鄙视自己，或者看轻自己，而要意识到自己的表现完全正常，符合心理发展的规律。唯有保持镇定从容，我们才能有意识地战胜恐惧，改变自己的性格。

最后，时刻保持对自己性格的观察，当你意识到一切的痛苦都起源于你对自己不够了解也无法做到客观面对自己时，你会变得更加勇敢，你会积极努力地蜕变。如此一来，你就会获得更加强大的力量面对人生，改变人生。

总而言之，每个人的性格类型都不是绝对完美的，也不是绝对应该否定和摒弃的。每个人都需要不断改变和完善自身的性格，而改变一定要从了解自身的性格开始做起。否则，如果我们对于自身的性格无知无觉，就也无从做出准确到位的判断和分析，又如何能够真正让改变发生呢？

当你意识到自己的性格有很多的可能性，也有改变的空间，你会突然间从一种被束缚和困住的状态，进入到自然从容的状态。当你对自己的性格非常满意，也愿意怀着接纳的心态再去完善性格，让自己的性格更加趋于完美时，你会悦纳自己，因而不再与自己较劲儿，于是你终于活成了自己的样子。

悦纳自己，尽享人生精彩

很多人的吹毛求疵不是针对于他人，而是针对于自己。这看起来有些奇怪，哪里有人专门和自己过不去的呢？遗憾的是，偏偏有这种人。他们对于他人的一切都怀着明哲保身的态度，从来不以为意，而对于自己要求过于苛刻，总是对自己怀着各种各样的不满意。可想而知，在对自己望而生厌的状态下，人们如何才能更好地面对自己，与自己和谐相处呢？

从远古时代，人们就已经学会驯养野兽为生活提供便利。然而，时至今日，人们却还在与自己闹着别扭，对自己有各种不满和苛求。例如有的人觉得自己的脸蛋长得不够漂亮，有的人觉得自己的身材太矮小敦实，有的人认为自己的父母没有遗传给自己好基因，总而言之，对自己不满的人总是能够找出各种各样的理由挑剔自己，却不知道要想获得幸福快乐，最重要的就是接纳自己，快乐地面对自己。

在这个世界上，除了父母之外，还有谁应该像自己一样无条件接纳自己呢？可以说，厌恶自己、对自己不满，是人生最大的悲剧和不快乐的源泉。一个人唯有爱自己，才能爱身边的一切，也才能鼓起勇气，发挥所有的力量，让自己生活得更快乐。假如一个人总是一味地讨好与迎合别人，那么他们一定会在不知不觉间失去自我。对于一个失去自我的人而言，人生还能幸福和快乐吗？当然不能。所以做人必须有自我的意识，也一定要有自主意识。换而言之，哪怕你再怎么放弃自我去取悦和迎合他人，也不可能让所有人满意。这是因为，每个人都有自己的喜好，每个人对待事情和人的看法都截然不同。所以作为一个人，是不可能让所有人满意的。既然如此，我们为何还要委屈自己，忍辱负重呢？

很久以前，有个女孩叫艾米。艾米特别自卑，总觉得自己长得又矮又丑，根本不可能收获真正的爱情。就这样，艾米带着深深的自卑成长，她和每一位年轻漂亮的女孩一样怀着与白马王子在一起的梦想，在现实生活中却因为自卑而远离每一位男生，也由此彻底远离了幸福。

艾米实在太苦恼了，她的心情总是很忧郁，渐渐地，她患上了严重的抑郁症，时常觉得生活无望，也觉得自己没有未来。无奈之下，她只好去求助于心理医生。当握着艾米冷冰冰、沁出汗水的手时，心理医生不由得感到担忧。他看着无精打采的艾米，听着艾米低沉而又绝望的诉说，险些连自己都抑郁了。心理医生意识到，艾米彻底绝望，所以才会这么意志消沉。为此，心理医生当机立断告诉艾米："只要按照我说的去做，你的人生就会非常美好。"接下来，心理医生邀请艾米于下个周末来自己的家里参加宴会，并且让艾米一定要认真打扮自己，不但要穿上自己最美丽的时装，还要做一个精致的发型。

艾米尽管不知道医生是何用意，但是她答应医生做好每一件事情。到达晚宴现场，医生拜托艾米为他照顾宾客，艾米觉得这很容易。她就像平日里照顾兄弟姐妹那样无微不至地照顾宾客，她始终面带微笑，满怀热情。她就像是一阵温暖的风，让整个宴会升温了。宴会结束时，好几位男性客人都主动提出送艾米回家。后来，艾米与其中的一位男性客人开始了恋爱，并且走入了幸福的婚姻。

有人说是心理医生改变了艾米，实际上是艾米接纳了最真实的自己。曾经，她以为自己容貌和身材都不够出色，因而无形中把自己看得很低。而在医生的宴会上，艾米扮演起服务者的角色，因而她不再顾忌自己的身材和容貌，反而表现得从容自然，也以真实状态赢得了男性的好感。不得不说，医生的宴会帮助艾米发现了自己从未意识到的美，也为艾米创造了得到认可和欣赏的机会。

每个人都有两只眼睛，不要忙着看外面的世界，先用心地观察自己。除了需要反省自己，发现自己的缺点和不足之外，我们更需要发现自己的优点和长处，从而扬长避短，展示自己的美好。唯有如此，我们才能悦纳自己，才能真正做到欣赏自己，也才能发掘自身的潜力，让自己成为最璀璨夺目的星星。

性格能够决定爱情的模式

爱情，是造物主赐予人类最美好的礼物，也是人世间最真诚可贵的感情。数千年以来，没有一个人不在追求爱情，也没有一个人不为爱情沉迷。爱情的魔力是如此之大，甚至能超越生死，获得永恒的存在。那么，对爱情，你有没有什么具体的设想和憧憬呢？你当然会有，只不过是现实的残酷重重打击了你对于爱情的信心，使你再也不敢奢望爱情，甚至完全放弃爱情，宁愿一个人孤独终老。这并不是因为你不相信爱情，而是因为你对爱情的要求太苛刻，所以你只能回避，不敢触碰那完全不符合自己预期的爱情。

当在爱情中遇到难题的时候，实际上你只需要把握好自己的性格，就能让爱情的难题迎刃而解。这是因为性格能够决定爱情的模式，那么你的爱情模式当然是由你的性格决定的。很多人以缘分来定义爱情，实际上这是对爱情极尽浪漫的猜想。如果从性格的角度而言，不同性格的人往往需要不同的爱情，这才是更具有理论依据和科学基础的论断。那么，我们还是要先了解自己的性格，然后才能对号入座，有的放矢地寻找属于自己的缘分。

第一种爱情是典型的异性相吸，或者是男才女貌，或者是男人英勇，女人温柔。这也是有史以来最传统的爱情模式，在这样的经典爱情中，只要有一方展开猛烈的追求攻势，爱情的窗户纸很快就会被捅破，彼此合适的双方也会一拍即合，坠入爱河。

不过，经典的爱情未必意味着永远的甜蜜。在热恋之后，相爱双方的性格差异会凸显出来，在各个方面的不和谐也会越来越明显。然而，恋爱的双方尽管各自都觉得委屈，却不愿意轻易分手，他们更愿意在不断磨合的过程中保持适度的距离，从而找到最好的相处模式。百炼钢成绕指柔，也许是这种爱情的最好相处模式，即女性以温柔融化男性，男性也以强大来保护女性。

第二种爱情模式是互补性的，也就是女性偏向于男性化，而男性则偏向于女性化。这种情况下，女性被指责线条过粗，而男性则总是心细如发，渐渐地日久生情。然而，时间久了，未免会相互厌倦，谁看谁都不顺眼，最终导致分道扬镳。当然，也可以不分开，那就需要双方极度包容对方，理解对方，最终让幸福如花儿一般绽放。

第三种爱情模式，就是以硬碰硬，必须相处得更像是哥们。可想而知，爱情中女性的性格比较男性化，男人的性格同样男性化，这样爱情就变得简单干脆，就像一加一等于二，虽然没有了柔情蜜意的缠绵，但是却会导致吸引力倍增，彼此都相见恨晚，很快就能坠入爱河。然而，随着相处的时间越来越长，他们很快就不像情侣，而像是老夫老妻。他们的爱情少了些爱情，而有了太多的默契。

在这样的爱情模式中，女性太强，反而容易陷入被动的局面。这是因为男人天生就有很强的保护欲，和一个坚强独立到可以独自生活的女人相比，他们更愿意有一个小鸟依人的人生伴侣。在这样的情况下，女人就要学会示弱，从而才能以撒娇、任性等各种小手段，成功地抓住他的心。

第四种爱情模式中，温柔的女性和同样温柔的男性相遇。毫无疑问，这样的爱情模式更像是琼瑶笔下的言情剧，女主角温柔似水，男主角文质彬彬，爱情甜腻到极点。然而，这样的爱情模式虽然进展顺利，但是最初开始的时候却百转千回。这是因为同样都是女性化性格的爱情双方，谁也不愿意展开主动的攻势，而都采取被动的守势。如此一来，他们自然会经历漫长的等待，才能迎来爱情的春暖花开。

需要注意的是，在这样的爱情模式下，哪怕你很柔弱，也不要过多地依赖对方，因为这会导致对方压力顿生。而且，就算你很愿意和对方痴缠，也不要没有限度。爱情需要有合适的距离，过于亲密无间，或者过于疏远，都不是爱情最好的姿态。

总而言之，人人都渴望爱情，然而爱情从来不会以完美的姿态出现，这就像是人的性格也绝不完美一样。面对爱情的瑕疵，如果不能容忍，那么就要快刀斩乱麻地结束，重新去寻找属于自己的另一半。如果可以容忍，那么就要给予对方更多的包容和理解，从而给予彼此更大的空间。正如人们常说的，鞋子是否合脚，只有脚知道。我们也要说，爱情的模式不一而足，唯有适合自己和爱人的，才是最好的爱情模式。

第07章

性格影响人的心理，心理状态关乎身体健康

一个人只有身体健康，并不能算是真正的健康，唯有心理上也保持健康的状态，才能被称之为身心健康。身体健康与心理健康并非是完全孤立存在的，很多情况下，这二者相辅相成，相互影响。从性格的角度而言，性格又会影响人的心理，因而我们说，性格与人的身心健康密切相关。

性格决定健康

很多关于精神疾病的资料告诉我们，很多精神疾病都与人的性格密切相关，换言之，人们之所以患精神病，与自身的性格有着无法摆脱的关系。也可以说，某些性格是人患有精神疾病的基础。举个最简单的例子而言，很多人都有强迫性神经症，他们同时也都属于强迫性性格的人。

从性格的角度进行分析，强迫性性格的人总是过度追求完美，经常压抑自己、做事情安守本分又难以决断、待人处事生性多疑、情绪暴躁易怒等。还有很多人患有幻想性精神疾病，那么他们的性格也会表现出爱幻想、想象力丰富、容易陷入冲动和激动之中等等特点。不得不说，性格的确深深影响人们的心理状态，很多极端的性格也会导致人们患有相应的神经系统官能症。

性格不仅与人们的心理健康密切相关，也与人们的身体健康密切相关。诸如有些人很容易激动，动辄就陷入暴怒之中，那么他们的心脏往往不太好，血压也因为不停地波动最终出现异常。还有些人因为生活不如意而过度焦虑，导致内心狂躁不安，抑郁成疾。过度焦虑的人还会对生活失去信心和希望，总是过于悲观，觉得生活中根本没有什么值得自己期待和憧憬的。严重的抑郁症患者还会进入无爱的状态，有些患有中度抑郁症的母亲甚至完全不爱自己的孩子，也不爱自己，因而产生自杀行为。不得不说，这都是性格对心理状态造成的影响，继而严重影响人们的生命安危。

现实生活中，人们常常以身心平衡来形容某些人的生命状态很好。实际上，所谓身心平衡，就是指人的心理状态和身体健康保持平衡，当然实现这一点的前提是性格处于良好的状态之中。简而言之，一个人身体健康，自然会心情愉悦；反过来说，一个人心情愉悦，自然能够身体健康。心情对于人的身体健康起到很大的影响作用。如今，患有癌症的人很多，曾经有医学专家指出，癌症是心因性疾病，意思是说癌症往往是因为心情长期郁郁寡欢导致的。尽管这并没有严谨的科学依据，但是却很有道理，也值得引起每个人的重视。在治疗癌症的过程中，总会有奇迹发生。有的癌症病人在得知自己患了癌症之后，很快就死去了，而实际上他们的病情并没有那么严重，不得不说是紧张和恐惧的心情导致他们的病情迅速恶化，也有可能是他们对于生命的绝望使得生命悄然离去。相比之下，有些重度癌症患者明知自己即将不久于人世，却该吃就吃，该喝就喝，下定决心要让自己活着的每一天都高兴快乐。等到一段时间之后，他们的身体产生强大的抵抗作用，居然能够抵御癌症的侵袭，与癌细胞和谐共存了。因而他们也就可以延长生命，再也不用担心生命会随时终止了。在医学领域，现在还没有办法解释这种神奇的现象，那么权且就认为是积极乐观的心态起作用了吧。

从医学的角度而言，坚强的意志和顽强的毅力能让人的免疫系统增强，从而使人的体质也不断增强，对待外界细菌侵袭的抵抗能力也水涨船高。这一点，其实从女性身上可以得到准确的验证。很多女性朋友因为压力过大，或者长期生活在紧张的状态下，月经很容易就会变得紊乱，有些哺乳期的女性还会突然停止分泌乳汁，这都是意志力和毅力的作用。美国抗癌协会曾经有资料显示，大概十分之一的癌症病人能够凭借身体的强大免疫力抵抗癌细胞，最终彻底消灭癌细胞，这其实也是意志力和毅力的作用。当然，如今人类还远远没有达到用精神和意念的作用就能战胜疾病的程度。即便如此，我们也应该明确意识到，任何情况下，良好的性格对于人生都是有好处的，而人如果有郁郁寡欢的个性，长期生活在焦虑不安和恐慌之中，哪怕身体再强壮，最终也会出现各种各样的问题，使得健康状态亮起红灯。

每个人都要保持良好的性格，从而保证身体健康，情绪愉悦。唯有如此，生命才能以最好的姿态呈现在这个世界上，也才能获得最大的收获和人人都梦寐以求的幸福快乐。

心理状态决定生理状态

日常生活中，我们所说的健康往往指的是身体健康，也因此大多数人都非常重视身体健康，很多人每隔一段时间就会对自身的健康状态进行检查。实际上，从宽泛的意义上而言，健康不仅指身体健康，也指心理健康。当然，身体健康和心理健康并非是孤立存在的，而是相互影响和彼此作用的。也就是说，身体的健康状态会影响人的心理状态，这一点大多数人都深有体会，例如一个人身患癌症，那么除非他非常坚强乐观，否则他马上就会变得奄奄一息，更会惊恐地意识到生命即将流逝。在这种心态下，很多身患癌症的人活活被吓死，再也无法继续坚强地生存下去。反过来讲，一个人的心理状态也会影响他的身体健康。对于这一点，虽然大多数人都曾经有所耳闻，却对此不放在心上。他们不愿意相信抑郁寡欢的心情会让他们的身体彻底垮掉，而是坚持认为一时的情绪变化并不会对人的身体产生实质性的影响。

曾经，有心理学专家进行过实验。他用有特殊的装置搜集了人们在盛怒之下呼出的气体，结果显示人在心情愉快的情况下呼出的气体是透明的，而在盛怒之下呼出的气体却呈现淡蓝色。当心理学家把这种吸收了有毒气体的淡蓝色液体注入小白鼠的身体时，小白鼠马上就一命呜呼了。由此可见，人在愤怒时身体会分泌出一定的毒素，这也是为什么有史以来经常有人被气死的原因。愤怒的人除了呼出有毒的气体之外，自身还会处于失去平衡的状态，或者心跳加速，或者血压升高，这些现象都会严重威胁生命安全。所以很多朋友都会发现，当自己长久地陷入负面情绪之中时，身体总是会出现各种各样的问题。实际上这是身体正在给我们敲响警钟，让我们不要放任自身的负面情绪惩罚自己。

每当到了考试的日子，平日里成绩优秀的小五就会产生巨大的心理压力，甚至连睡觉都睡不好。而等到了考场上，他的紧张状态更加严重，曾经烂熟于心的考试内容全都飞到爪哇国去了，他的头脑中一片空白。就因为这样，虽然小五平日里都是优等生，但是考试时却“原形毕露”，变成了下等生。

这不，又到了期末考试，看着小五因为失眠变成了熊猫眼，妈妈心疼不已，决定带着小五去看心理医生，也想彻底帮助小五解决怯考的症状。心理学家针对小五的情况，对小五进行了催眠，最终证实小五就是因为紧张，才会出现这一系列身体上的不适症状。为了帮助小五彻底放松下来，心理学家通过催眠，让小五睡了个踏实觉。这次，小五既没有梦到自己考试没带准考证，也没有梦到自己无论如何奔跑都到不了考场，他的心彻底放松下来了。

在接连进行了好几次这样的治疗之后，小五终于放松了。上了考场之后，他的手心再也不是湿漉漉地出汗，而是温暖干燥。他的头脑神清气爽，再也不因为紧张而嗡嗡直响了。这一次，小五的发挥虽然还没有达到平日的水平，但是已经有了大幅度提高。妈妈决定，等到考试结束后，继续带着小五来进行心理治疗，帮助小五彻底戒除恐惧和紧张，让小五每次考试都能从容发挥出自己的真实水平。

除了因为考试紧张而导致头昏失眠之外，很多心理状态都会引起身体的反应。有些人长期胃痛，而且是阵发性的，说痛就痛。但是去医院检查，却又查不出任何问题，这就是心理和精神问题导致的身体不适。

还有的人会因为心理问题，导致腹泻、消化不良等。面对身体无缘无故出现的这些症状，千万不要掉以轻心，而要在去医院排查完器质性病变的原因之后，考虑到精神疾病的原因，从而使用相应的药物。

当然，所谓心病还需心药医，一味地吃药并不能对心理和精神疾病起到良好的作用。很多情况下，接受由专业人士进行的适度心理疏导，也是非常重要的。很多心理和精神上的异常状态，都是由某些特定原因导致的。唯有洞察患者的内心，才能找到问题的根源所在，也才能有的放矢地解决问题。

沮丧的人，没有健康的心脏

现实生活中，坏情绪无处不在，诸如沮丧、绝望、焦虑、惊恐、忧愁、烦躁、空虚等，这些情绪都会侵入我们的内心，影响我们的情绪，甚至影响我们的身体健康。很多人将这些坏情绪的存在视为合理，这是因为生活总是不如人意，我们总是要面对各种糟糕的事情，也就任由自己被这些坏情绪烦扰，而丝毫没有想过如何才能驱除这些坏情绪，让自己更加健康快乐。

很多人对于坏情绪存在误区，觉得这些情绪无非就是影响了自己的心情，除此之外，对于它们根本无能为力。实际上，这完全是错误的，因为坏情绪的威力远远不止你们所了解的这么多。大多数坏情绪都会损害人的心脏，听起来这很像言过其实的夸张和危言耸听，实际上这是经过科学论证的结论，是每个人都应该引起重视的问题。美国的一所大学曾经专门对人的坏情绪和心脏进行过调查研究，结果显示不管是女人还是男人，如果长期生活在沮丧的情绪之中，那么他们患上心脏病的风险将会成倍增加。尤其是对于男人而言，因为他们缺乏宣泄情绪的渠道，也因为男性的尊严而总是把很多消极负面的情绪隐藏在心中，所以他们更容易死于心脏病。

看到这里，也许有些朋友会认为：好吧，就算患有心脏病和沮丧情绪之间有那么一丝一毫的关系，也用不着这么夸大其词、大惊小怪吧！当然，这并非是故意耸人听闻，科学研究的数据告诉我们，和心情愉悦的女性和男性相比，沮丧的女性和男性患心脏病的风险至少提高了70%。这可不是小概率的事件，而是问题一旦发生，就面临着将近双倍的风险。不过，女性死于心脏病的机会并未增加，而男性死于心脏病的机率则提高至3.34倍。这样的结果让人咋舌，由此可见，男性因为承受着更加巨大的社会压力，从而导致他们死于心脏病的风险大大增强。曾经有心理学家指出，女性之所以死于心脏病的风险比男性低，是因为女性经常会以各种方式宣泄自己的沮丧情绪。诸如女性可以肆无忌惮地哭泣，而哭泣恰恰是减压的好方式。

毋庸置疑，沮丧与心脏病的发生之间有着千丝万缕的联系。除了心脏病之外，沮丧的人还更容易患高血压，或者出现失眠心悸等等问题。为了让自己拥有一颗健康的心脏，我们理所应当学会彻底消除沮丧的情绪。

首先，要知道产生沮丧的原因，才能有的放矢地消除沮丧。例如如果你是因为其他人的恶劣行为感到沮丧，那么你要告诉自己“不要用别人的错误惩罚自己”，从而帮助自己从沮丧的深渊中解脱出来。其次，假如你的心情突然无端地低落，那么你千万不要任由沮丧的情绪肆意蔓延，而要马上想方设法使自己变得快乐起来。例如你可以做一些自己喜欢做的事情，或者是向日记本倾诉内心的焦虑不安，或者是假装微笑直到自己真的微笑起来。有人说运动能驱散心中的阴云，那么不妨动起来，从而让自己的人生更加充满朝气与活力。这些，都是卓有成效的自我调整方法，能够让我们在没有外力介入的情况下恢复乐观的情绪状态。

最后，还可以进行色彩疗法。例如在心情沮丧的时候，去商场为自己买一件靓丽的红裙子，或者是给自己做个美甲、染一染头发，这些都是能够让心情随之焕然一新的好办法。还可以给自己画个彩妆，然后和闺蜜或者哥们相聚在一起，吃着红艳艳的麻辣小龙虾，喝着透心凉的冰镇啤酒，这都能让沮丧的情绪一扫而空。当然，除了红色使人振奋之外，绿色和蓝色都是能帮助人恢复情绪平静的颜色，所以去绿草如茵的公园里走一走，或者是去富含氧离子的森林中漫步，都是不错的选择。

总而言之，当你下定决心要把沮丧的情绪彻底赶走和清除掉，你总会找到恰当的方法实现自己的心意。记住，沮丧会危害你的心脏，想到这里，你还能容忍沮丧继续盘亘在你的心头吗?

当自己的心理医生

曾经，人们觉得心理医生是只适合出现在影视剧中的角色，而在现实生活中，人们只有身体上有了疾病才会去求助于医生，这是因为很少有人关注自己的心理健康，并且从来不把精神和心理状态的异常放在心上。随着时代的发展，现代人生存的过程中承担着巨大的压力，这种压力不但来自于生活和工作，也来自于心理上的焦灼和不安。所以，几乎每个人都需要心理医生的疏导，才能保持情绪和心理上的健康，也才能以最佳的状态拥抱生命，悦纳人生。

尤其是人际关系的重要性如今已经上升到前所未有的高度，而复杂多变的人际关系也使得人们在生活和工作中承受着更大的压力。现代人生活节奏都很快，很少有机会去关注内心的状态。在急功近利思想的引导下，人们更容易变得焦虑不安，紧张忙碌。当人们长期处于这样的状态，心理难免会出现各种各样的问题，也直接影响人们的各种观念和具体的行为表现。然而，心理医生在现实生活中毕竟还没有那么普及，为了拥有更好的心理状态，我们其实可以自己当自己的心理医生。

也许有些朋友会觉得很惊讶，觉得自己根本不具备当心理医生的潜质。实际上，专业的心理医生的确需要经过专业的学习和训练，并且取得一定的资质才能肩负起心理医生的职责。但是对于业余的心理医生而言，我们每个人无疑都是自己最好的心理医生。归根结底，相比其他人，我们更了解自身的情况，而且由自己充当心理医生，我们的心理状态也会更加放松。因而，我们更容易对着自己敞开心扉，理智客观地评价自身的心理状态，从而有的放矢地调整自己的状态，能够卓有成效地帮助自己。常言道，心病还需心药医，任何情况下，心理上的疾病都不可能像感冒发烧那样使用常规用药就可以医治，每个人的脾气秉性和心理状态都是完全不同的。唯有洞察内心的状态，我们才能真正做到有的放矢，收放自如。

要想成为自己的心理医生，我们就要做到以下几点。

首先，要提高自身的素质与涵养，做到波澜不惊，坦然面对人生的各种境遇。曾经有一副对联得到了很多人的喜爱——宠辱不惊，闲看庭前花开花落；去留无意，漫随天外云卷云舒。很多人都羡慕对联中的人生状态，然而自己却无论怎样努力也达不到这样的状态。然而，在生命面前，每个人都是无奈的，因为没有任何人能够摆脱生命的规律，而只能任由生命的河流带着自己不断地向前。反过来看，虽然生命的规律无法改变和控制，但是我们可以改变和提升自己。当我们的心态更从容，哪怕面对生命的坎坷和挫折，我们也依然能够保持淡定从容，也依然能够接受人生中的各种坎坷境遇。心若自在，人生也变得自在，心若改变，世界也随之改变，由此可见，心态对于生命起到多么重要的作用。

其次，每个人都有自己的人生，然而每个人的人生都截然不同。有的人生枯燥乏味，有的人生充满兴趣。大多数人都希望自己的人生是充实的、有意义的，最好能够波澜起伏、收获满满，也有的人对于人生没有过高的期望，只要人生岁月静好，平静淡然，似乎就足够了。这是每个人对于人生不同的追求，无可指责。我们不能评价别人的人生，却可以掌握自己的人生。记住，你是人生的主宰者，你的人生你做主，你的人生也由你来进行安排。

再次，要保持内心平静，对感情和各种感受充满敏锐的觉察力。现代社会正处于信息大爆炸的时代，任何时候，我们都不要因为信息蜂拥而至而感到苦恼，相反，我们应保持平静的心绪，唯有如此，我们才能避免惊慌失措，也才能保持理智和镇定，从而让自己在人生之中兵来将挡，水来土掩，绝不手足无措。

最后，每个人都是群居动物，都是社会的一员。要想更好地生存于世，我们必须与整个社会搞好关系，及时调整自己的言行举止，从而使它们更符合社会的规范，也与社会保持一致。任何情况下，要想避免心理失衡，我们就要先国家后个人，先集体后个人，先团队后个人，正所谓没有大家哪有小家，哪怕我们迫不及待地想要获得成功，也依然要保持足够的耐心和毅力，从而让自己心态平衡，使人生取得更好的发展。

不要让自己困于囚牢

曾经有位名人说，人最大的敌人就是自己。的确，人人都会在现实生活中遇到各种各样的阻碍，然而这些阻碍不管来自哪里，最终都通过我们的内心发力，也就是说真正的阻力其实来自于我们的内心。如果我们的内心能够冲破囚牢，那么不管什么情况下，外力都将无法阻挡我们前进的脚步。而如果我们的内心被困于囚牢，哪怕外界的阻力很小，我们也会因此而停下脚步，止步不前，甚至不知所措，根本不知道接下来应该干些什么。这样一来，我们当然会感受到来自生命的苦恼和困惑，也因此导致人生止步不前。

实际上，并非只有心理异常者才会因为内心受困而变得踌躇，很多正常人也经常会出现心理异常的状态。这是因为人的身心始终处于发展和变化之中，始终处于高速运转之中，所以难免会有负面的情绪不断地累积，等到负面情绪累积到一定程度时，就会积少成多，量变引起质变，导致我们的情绪大爆发，变得异常。那么，为了让心不被困住，我们就要及时疏导自身的情绪，从而帮助自己调整好心理状态，最终成功地改变人生的状态。

首先，我们要学会疏导和宣泄负面情绪。方式有很多，且不拘一格，只要是有效的方法，都是好方法。其次，不要给自己过大的压力，毕竟人的承受能力是有限的，一旦压力超过负荷，身体就会马上抗议。最后，还要了解自己的情绪周期，很多女性朋友的情绪周期和心理周期遥相呼应，却误以为男性是没有情绪周期的。实际上，这种观念完全错误，男性也是人，也有情绪周期，也会出现心理状态的变化。因而每个人都要关注自己的情绪周期引起的心理变化，从而未雨绸缪，尽量避免情绪变化给自己带来更多的负面影响。正因为如此，有些人才觉得自己就像是间歇性神经病一样，情绪总是潮涨潮落，此起彼伏。

很久以前，有一艘远洋货轮在大海中不幸触礁沉没，好几个船员都抱着破碎的船板，好不容易才漂浮到一个孤岛上。他们虽然活下来了，但是看着无边无际的大海，却陷入了深深的绝望中。原来，这座小岛上全都是光秃秃的大石头，甚至连可以用来充饥的野菜都没有。而且，小岛上也没有淡水的水源，在炎炎烈日下，船员们也许几天就会被渴死。他们唯一的希望就是能下雨，或者是能遇到过往的船只把他们救走。然而，天上艳阳高照，没有任何要下雨的迹象，而目力所及之处也看不到任何船只。

在这个如同死去一般的孤岛上，好几个船员都失去了希望，他们奄奄一息，最终因为口渴而死。还剩下最后一位船员，他意识到自己死期将至，不愿意就这样如同晒干的鱼一样死掉，因而跳到海水中咕嘟咕嘟地喝了个肚饱溜圆。他很惊讶，因为他没有感觉到海水咸涩，反而觉得海水如同清凉的井水一样甘甜。他怀疑自己是将死之前出现了幻觉，因而喝完海水之后就躺在地上等死。不知不觉间，他昏沉地睡去，直到次日清晨醒来后，觉得神清气爽，似乎干渴从未折磨过他。他不相信自己还活着，因而使劲儿掐了掐自己的大腿，真的很疼。他这才意识到海水不是咸的，而是甘甜的淡水。此后每一天，他都借着海水来维持生命，最后终于等来了过往船只，他获救了！

原来，虽然常识告诉人们海水是咸涩的，但是在很多海域，因为有地下的泉水涌出，所以海水也会变甜，甚至达到可以饮用的程度。而那些船员们因为被经验限制，所以哪怕渴死都没有尝试着喝海水。不得不说，他们不是死于干渴，而是死于内心的囚牢。

有经验固然是好事，但是很多情况下经验主义害死人。在很多危急关头，我们必须勇敢地打破经验，突破自己的内心，从而勇往直前亲身试验，这样才能最大限度打开心中的枷锁，也才能成功地找到新的生机和活路。假如事例中的船员能够在渴死之前先痛痛快快喝一通海水，那么他们一定能够和最后这位船员一样活下来，直至最终获救。

第08章

性格影响人际交往，良好性格更易打造成功人际关系

现代社会，人际关系被提升到前所未有的高度，人脉资源也成为每个人最重要的资源之一。要想经营好人际关系，获得丰富的人脉资源，我们就要努力打造自身的好性格，促进人际关系的发展。

人际关系决定你的幸福指数

常言道，一个篱笆三个桩，一个好汉三个帮。也许平日里良好的人脉关系并不能显现出特别的优势，但是在关键时刻，例如遇到困难或者遭遇危机的时候，良好的人脉关系就能派上大用场，也使我们得道多助，轻轻松松就能获得成功。当然，良好的人际关系需要长期用心地经营，绝非朝夕之间就能获得的。要想建立人际关系，我们还要拥有好性格，这样才能与他人更好地相处。

生活中，人人都追求幸福，然而幸福却总是可遇而不可求。人生的道路有的时候很短暂，如同白驹过隙，有的时候很漫长，让人不得不忍受孤独。要想让人生过得更加丰富多彩，每个人都需要拥有几个好朋友。我们不但可以与好朋友谈笑风生、推心置腹，还可以与好朋友一起畅谈人生，尤其是在遭遇困境和磨难时，好朋友还会毫不迟疑地向我们伸出援手，帮助我们渡过难关。正所谓得道多助，失道寡助，朋友是一个人一生之中最宝贵的财富。有人说，看一个人的实力看他的对手，看一个人的底牌看他的朋友。由此可见，朋友不但是我们人生的陪伴，还是与我们志同道合的人，甚至能够在一定程度上彰显我们做人做事的气度与风格。

现代社会，越来越提倡分工与合作。在职场上，再也没有所谓的英雄主义。一个人要想获得成功，必须融入团队之中，为团队工作贡献自己的一份力量，与团队成员精诚合作，才能发挥一加一大于二的伟大力量，才能最大限度地完成工作和艰巨的任务。在团队之中，哪怕遭遇挫折，承受失败，也会因为成员间的彼此安慰和扶持而让低谷尽快过去。

很久以前，小一和小二一直都很好奇沙漠中的景色到底是什么样的，为此他们结伴去沙漠里旅行。在旅行的过程中，因为一件偶然的小事情，小一和小二发生争执，彼此激烈地争吵起来。小一狠狠地打了小二一个耳光。小二觉得委屈极了，他不明白自己这一路走来和小一相依相伴，小一为何突然对自己这么狠心呢！小二实在无法排遣自己内心的苦闷和愤怒，因而带着激动的情绪在沙地上写道：“今天，小一打了我一记大耳光。”然而，旅行还在继续，沙漠中荒无人烟，他们即使互相懊恼生气，也只能和对方相伴而行。

他们谁也不看谁一眼，都怀着别扭的心情一前一后往前走。他们走啊走啊，来到了海边。已经在沙漠中穿行很久的他们，看到大海之后非常兴奋，急不可耐地扑到海里游起泳来。然而，小二也许是太兴奋了，不知不觉间游到深处，突然之间，一阵狂风刮起大浪，把他扑向海底。小二猝不及防喝了好几口水，差点儿被呛死。小一看到小二置身于险境，不顾自己的安危，奋不顾身地游到深海里，把小二救了出来。

上岸之后，小二在岸边四处寻找，好不容易才找到一块坚硬的岩石。他马上拿出随身携带的小刀，在岩石上刻下一行字："今天，幸亏小一，我才能大难不死活下来。"看到小二那么吃力地刻字，小一不明就里，问道："小二，你可真傻，要是把字写在沙地上，不是能节省很多力气吗？"小二笑着说："我把你打我的事情写在沙地上，这样风吹过之后就了无痕迹了，我的心里也会把这件事情忘记。而你救了我，这件事情我必须没齿不忘，因而一定要用刀将其镌刻在岩石上，哪怕风吹日晒和雨淋，也绝不消失。"

毫无疑问，小二对待朋友是很有智慧的。对于朋友伤害自己的事情，他选择尽快忘记。而对于朋友帮助自己的事情，他选择铭记于心，永远不忘记。小二的性格非常好，不记仇，而记住别人对自己的恩情，可以想象出他与朋友们之间的关系也必然很好。

每个人在人生之中都需要朋友的陪伴，这样一来，当心中郁郁寡欢的时候，我们可以向朋友倾诉。当心中觉得高兴时，也可以慷慨地与朋友分享。很多时候，也许朋友的物质条件和经济能力有限，无法从金钱方面给予我们帮助，但是朋友的倾听，以及朋友在精神上对我们的支持，都是无法估量和衡量的。正是因为朋友的帮助，我们的人生才如此充实而又精彩。

赞美，是给他人的最好礼物

曾经有人说过，赞美是一个人能够给予他人的最美好、也最珍贵的礼物，而且赞美的给予非常简单，只需要付出真诚和友善。所以说，赞美也是我们能够给予他人最“便宜”的礼物，但是在他人那里，赞美的意义却非同寻常。现实生活中有很多人都不懂得赞美他人，他们总是自视甚高，只能看懂自己的优点和长处，而对他人的可取之处视而不见。渐渐地，他们变得目中无人，自高自大，动辄就要批评和指责他人，可想而知他们的人际关系有多么恶劣，毕竟谁也不愿意平白无故地遭到批评。

相比之下，懂得赞美他人的人，往往有着良好的人际关系。他们很清楚，金无足赤，人无完人，每个人都既有优点，又有缺点。他们更善于自我反省，看到自己的缺点和不足，而更宽容地对待他人，总是看到他人的优势和长处。这样一来，他们就有了更多的理由赞美他人，而且他们的赞美完全是发自内心的，是非常真诚的，也能够成功地打动人心。也许有些朋友会说，我虽然想赞美他人，但是我不知道他人有何优点。当出现这样的情况时，不得不说，问题是出在你的眼光上，而并非他人真的一无是处。每个人都有自己的优点，正如一位名人所说的，这个世界上并不缺少美，只是缺少发现美的眼睛。我们也要说，他人身上并不缺少优点，只是你没有用发现优点的眼睛去看待他人。当你真正想要赞美一个人，你总会用心去寻找，也会很容易就发现他们值得赞美的地方。

从内心深处来说，每个人都渴望得到他人的赞美，这是因为人趋利避害的本能决定的。由此可见，哪怕是面对陌生人，恰到好处的赞美也能瞬间拉近我们与他人之间的心理距离，帮助我们与他人之间形成更和谐融洽的关系。需要注意的是，赞美并非要着眼于那些优秀的品质或者是大的成就方面，赞美也可以从细节处着眼。很多时候，赞美他人不为人注意的特点，更能够使人怦然心动。

作为举世闻名的成功学大师，卡耐基如今大名鼎鼎，无人不知，无人不晓，而且也具备了前所未有的影响力和吸引力。很多人都慕名拜卡耐基为师，然而他们之中却很少有人知道，卡耐基小时候其实是个问题少年，在整个镇子里都是个招人嫌的家伙，也因此给父亲惹下了很多麻烦。

卡耐基很小的时候就失去了妈妈，父亲一个人既当爹又当妈抚养他。当看到卡耐基如此声名狼藉时，父亲甚至都对他失去希望，也不再愿意耐心对待他。在卡耐基九岁时，父亲再婚了。当父亲把继母带回家里时，情不自禁地皱起眉头指着卡耐基，对继母说：“亲爱的，你此时此刻正在面对着的是在全郡都臭名昭著的调皮大王。坦白说，我很为你担心，为此我不得不提醒你，虽然此刻暮色苍茫，但是也许就在今天剩下的短暂时光里，他就会对你做各种各样出格的事情。你简直无法想象他多么调皮，品质多么恶劣，总而言之你一定要多加小心。”

卡耐基沮丧地站在旁边听着父亲这样评价自己，他情不自禁低下头，觉得满心羞愧，甚至不敢看继母一眼。然而，让卡耐基喜出望外的是，继母并没有因为父亲的评价就对卡耐基带有偏见，相反，她面带微笑走到卡耐基面前，真诚地与卡耐基进行眼神的交流，然后才说："亲爱的，你是全郡最聪明的男孩，顽皮捣蛋是你的聪明才智。我相信，你只是有多余的精力和热情无处发泄而已，否则你一定会表现出伟大的创造力。"听完继母的话，卡耐基感动得热泪盈眶。只因为继母这句发自内心、绝对真诚的赞美，卡耐基对继母佩服得五体投地，而且也很相信继母。从此之后，他和继母成为了亲密无间的朋友。在成长的过程中，卡耐基不管遇到什么情况，总是能得到继母的鼓励和支持。正是继母的支持，卡耐基才能坚持创作，也才能成为举世闻名的作家。

众所周知，后妈难当。然而，卡耐基的继母是一个充满智慧的女人。她不但当好了后妈，而且以赞美打开了卡耐基的心扉，彻底改变了卡耐基的人生。我们要当一个心地善良的人，慷慨地给予他人赞美。很多时候，也许我们一句漫不经心的赞美，就能彻底改变他人的命运轨迹，也给予他人温暖一生的力量。

即使再恶劣的关系，也会因为真诚的赞美而冰雪消融。如今，教育界提倡赏识教育，要求老师和父母都要多多认可和赞赏孩子。其实不仅孩子需要赞美，很多成年人同样需要赞美。可以说，没有任何人会排斥和抵触赞美。那么当我们想与陌生人交往，或者改变一个人的时候，不如真诚地赞美他们吧！只要你的赞美持之以恒，绝对真诚，那么你会发现对方会渐渐变成你所期待的样子，因为他们也极力变得与你的赞美相匹配。和强迫他人改变相比，赞美显然具有更加强大的力量，甚至具有神奇的魔力。

算计，只会让自己陷入被动

现实生活中，有很多人特别精于算计。他们总是担心自己吃亏，因而就不停地算计，希望以此来为自己赚取更多的好处。殊不知，精于算计固然好，但是如果算计太过，那么就会导致聪明反被聪明误，算来算去算自己了。

一般情况下，大多数爱算计的人都是功于心计的人，他们尤其看重小小的利弊得失，哪怕吃一点点小亏也会马上给自己找补回来。看起来，精于算计的他们的确没有吃亏，然而他们无形中浪费了宝贵的时间，也使得自己失去了很多，可谓是得不偿失。历史上赫赫有名、最爱算计的人，是《红楼梦》中的王熙凤。作为贾府中的当家人，王熙凤小小年纪就掌管着大家大业，这与她精于算计是不可分的。然而也因为算计过度，她最终反而把自己算计进去，也彻底害了自己的性命。

现代社会，利益关系错综复杂，尤其是在职场上，人际关系再加上利益关系，简直让人应付不过来。人在职场，算计当然是难以避免的，但是却不要斤斤计较。真正明智的人，只在大的方面算计，而在小的方面则睁一只眼、闭一只眼，也就稀里糊涂地过去了。正如郑板桥所说，难得糊涂，这句话用在职场上正合适。很多年轻人刚刚走出大学校园，就奢望在工作中得到更多地回报，哪怕是需要他们加班一个小时，他们也会因为没有得到加班费而怨声载道。殊不知，加班就算没有加班费，也能帮助职场新人增加很多的经验，这是任何金钱都买不来的。所以只要加班不是太过分，职场新人完全可以装装糊涂，这样才能有更长远的发展。否则，换位思考一下，假如你是老板，面对一个初来乍到还没有给公司做出任何贡献的人，却一味地想要得到加班费，你会怎么想呢？

当然，在职场上游走，就算我们不算计，也难免会被那些爱算计的人算计。所谓吃一堑长一智，如果吃亏不是很严重，就无需与对方过于计较。毕竟多少钱也买不来经验，更买不来智慧，就当对方是充当了你的老师，对你进行了教育吧。总而言之，算计不是生存的长远之计，为了少吃一点亏就绞尽脑汁、功于心计，反而会失去更多。

在一个偏僻的乡村里，有个老汉五十岁了，依然没娶上媳妇。老汉从小就是孤儿，爹妈走得早，家里穷得就剩下四面透风的墙了，根本没有人愿意跟他。老汉就这样过了半辈子，他勤奋能干，把庄稼地经营得很好，一个人吃不完那么多粮食，他就把多余的粮食卖掉换钱，捐给镇上的孤儿院。

最近，大家都在传说村里要拆迁，因为有一条国道要经过村里。家家户户都打起了小算盘，毕竟如果耕地被占用，至少能拿一笔补偿款呢！全村的人盼星星盼月亮，终于盼来了测绘队。为了少占用耕地，国道要从村子外围经过，全村只有老汉的耕地被占用了。一瞬间，老汉成了村里的新闻人物，每个人都在盘算着老汉能分到多少钱。老汉原本冷冷清清的家也瞬间变得热闹起来，给他说媒的人整天络绎不绝，不管是离婚的、丧夫的，还是没结婚的老闺女，全都看上了老汉。老汉纳闷不已，也不敢轻易许诺看上了谁。

后来，老汉因为身体不舒服去医院检查，被确诊为肺癌晚期。这下子，给老汉说媒的人更多了，有个心急的王寡妇，居然还没等到老汉同意，就卷起铺盖卷来到老汉家住下，俨然以女主人的身份照顾老汉的饮食起居。后来，王寡妇还缠着老汉去民政局领了结婚证，可怜老汉孤苦一辈子，最终能有这样的归宿也还算不错。三个月之后，老汉一命归西了，王寡妇心里乐开了花，就等着拆迁款下来给儿子盖大楼呢！没想到，老汉刚刚去世，孤儿院的领导就和公证处的人一起来到村里，去村委会办理手续。原来，老汉想到自己一辈子无儿无女孤苦无依，就把巨额的拆迁款做了公正，要留给孤儿院的孩子们改善生活条件。这下子，王寡妇欲哭无泪，老汉的三间破草房就算白给也没人要呢！

在这个事例中，王寡妇无疑是一个很会算计的人，但是她算来算去却没有得到任何好处，反而还成为他人的笑柄。原本，老汉五十岁尚且没有娶妻，就是因为但凡是个女人都看不上他。而等到他的土地被征用，即将要得到一笔拆迁款时，他马上成为很多女人追求的对象，不得不说，这些女人的心都是“司马昭之心”。后来，王寡妇更是直接了当搬到老汉家里，与老汉生米做成熟饭，再逼着老汉与她去拿结婚证，她也就成为老汉财产的法定继承人。只是她万万没有想到，心地善良的老汉早就把财产捐给了孤儿院，她也只是竹篮打水一场空而已。

人生的确是需要规划和计划的，但那绝不是算计。算计的人总是过于急功近利，导致做任何事情都以利益当先，让人不屑一顾和不齿，也最终无法得到好的结果。记住，唯有踏踏实实做人，本本分分做事，才能得到命运的善待。

保持安全距离，让交往畅通无阻

在西方的很多国家，哪怕是排队的时候，也要保持安全距离。心理学家经过研究发现，人与人之间如果离得太近，会对他人形成压迫感，也会导致交往困难。在中国的很多公共场所，也已经划出安全距离，诸如银行的窗口。当然，这样是为了给正在窗口办事的人一定的私密空间，保障隐私安全。

在心理学界，有一个著名的刺猬法则。在寒冷的天气中，刺猬们依偎在一起取暖，但是他们很快就发现，如果离得太近了，就会被对方身上的刺扎伤。如果离得太远了，就没法相互利用体温取暖。最终，他们经过数次尝试，找到了最合适的距离，既能避免被对方身上的刺扎伤，也能相互依偎着取暖，这就是刺猬与刺猬之间的安全距离。同样的道理，人与人之间也是需要安全距离的。尤其是在交往的过程中，过于亲密无间的关系会对人造成压迫感和紧迫感，而过于疏远的距离又会使人感到生疏，因而只有保持安全距离，才能让交往畅通无阻。

也许有些朋友会说，安全距离很难把握，因为人与人之间的关系总是在不断地发展和变化，也许会变得更亲密，也许会因为误解变得生疏，一定的距离根本无法适用于各种情况。的确如此，人与人之间的关系始终处于发展变化之中，要想始终处于安全的范围内，人际关系的距离也必须随着人际关系的亲疏远近随时保持变化。举例而言，与初次见面的陌生人相处，一定要把安全距离拉大，这样才能避免给对方压迫感和紧张感，才能给予对方安全感。再如，和关系亲密的人交往，则可以根据双方的关系保持距离，或者是与有隔阂的人交往，一定要说话有分寸，交往有尺度。除了人际关系的亲疏程度影响人们的交往之外，不同的社交场合，对于人们交往的安全距离也是有要求的。例如情侣在家里的私密空间里，再怎么亲密都是可以的。但是如果在长辈面前或者参加宴会，则要适度表示恩爱，而不要给他人带来难堪和尴尬的感觉，这也是尊重他人的表现。总而言之，安全距离因为交往的人和不同的社交场合而有不同的分寸，必须好好把握，才能保持适度距离，也才能有益于社会交往。

作为一名兼职编辑，小雅经常需要为自己联系新的活计。兼职的好处是时间灵活自由，坏处则是活计不稳定，有的时候稿源很多，有的时候稿源很少，从而收入也变得不稳定起来，因而就必须寻觅新的合作伙伴。

小雅寻寻觅觅，找到了一家还不错的合作伙伴。不过，负责和小雅联系的主编是一位离婚人士。在合作了一次，沟通也就两三次吧，作为一名异性，那位主编就不再称呼小雅为“张老师”，而是直呼“小雅”，这让小雅整个人的神经马上绷紧，毕竟平日里只有亲密无间的家人、爱人和好朋友才这么称呼她。随着精神紧张，小雅说话的语气也有些生硬，她并没有以这样亲密的称呼回应那位主编，而是依然拒人于千里之外地称呼对方为李主编。在进行这次试探之后，李主编明显感觉到小雅的排斥和抗拒，也意识到小雅并不想和他成为更亲密的朋友，因而再次沟通时，李主编又称呼小雅为“张老师”，虽然这个称呼让小雅觉得疏远，但是她正是想要保持这样公事公办的生疏距离。

在这个事例中，李主编一定是想和小雅发展成为朋友的。哪怕只是普通朋友，与异性的交往也会让他感受到温暖。但是小雅很敏感，她知道李主编是一位离异的单身男性，根本不想与李主编之间发生任何温暖或者暧昧的交流。为此，她当即以紧张的状态和生硬的语气，打消了李主编想要成为朋友的念头，也保持了她所理解的安全距离。

每个人不但身体上要与人保持安全的距离，心理上同样需要与人保持安全的距离。唯有如此，他们才能给自己营造出舒适的交往环境，也才能避免自己总是神经紧绷。当然，人际相处中也会有很多特殊的情况发生，在特定的语言环境下，我们一定要保持语言的弹性，让自己进可攻，退可守，从而才能进退自如，游刃有余。需要注意的是，在职场上或者是在官方语言的环境中，并非与人关系越亲近越好。有些话，反而对于相对疏远的人更容易说出口，也能够秉承公事公办的原则，让一切进展顺利。总而言之，人际相处的情况随时在发生变化，人与人之间的关系也有远近亲疏之分。唯有保持弹性距离，才能在人际交往中如鱼得水，从容自在。

吃亏是福，会吃亏是智慧

自古以来，老祖宗就留下教训，告诉我们吃亏是福。然而，现实生活中，大多数人依然只愿意占便宜，而不愿意吃亏。实际上，这恰恰是目关短浅的愚蠢表现。很多情况下，我们看似占便宜，实际上却因为贪小便宜吃了大亏，自己却浑然不觉，这怎么不算是愚蠢呢？如果我们足够聪明，拥有大智慧，那么就能从吃亏中长知识、长经验，让自己吃小亏而赚大便宜，这才是悟透人生的表现。

吃亏是福，不应该仅仅是对人生的领悟，而应该上升到人生观的高度，成为我们人生的原则。吃亏的人往往是大智若愚之人，而他们因为知道吃亏是福的道理，所以甘于在生活中吃些亏，也以此来展示自己柔韧的力量。还记得《青岛往事》中黄渤扮演的王满仓吗？面对日本人的残忍和功于心计，很多聪明人都败在了日本人的手下，而唯独黄渤大智若愚，让日本人对他放松警惕，最终给亲人和朋友报了仇，雪了恨，也成功地让日本商人一无所有、黯然神伤地离开了中国的土地。在整部电视剧的角色中，满仓当然不是最聪明的，但是他懂得大智若愚，懂得吃亏是福，也懂得迷惑日本人以保全自己。这种隐忍的态度和后退的姿态，恰恰是他在与日本人周旋的过程中获胜的关键所在。

在一个偏僻的小镇上，有一个年老的鞋匠。鞋匠一辈子辛辛苦苦为人修补鞋子，手艺高超，也赢得了镇上居民的好口碑。眼看着自己已经垂垂老矣，老鞋匠决定把手艺活儿传给三位徒弟，但是他很担心三位徒弟会坏了他的招牌，因而决定对这三位徒弟展开考验。

临终前，鞋匠奄奄一息告诉三位徒弟："你们已经得到了我的真传，但是还有一点，我必须再次和你们强调，那就是修鞋只能用四颗钉子。"说完，老鞋匠就咽了气，三位徒弟痛哭流涕，把老鞋匠的后事办好之后，就结伴而行来到大城市，然后分道扬镳，各自奔向美好前程了。

他们三个人在不同的方向分别开了三家修鞋铺。然而，第一位徒弟觉得非常懊恼，因为他用四颗钉子无论如何也不能将鞋子修补好。他沮丧极了，整日苦思冥想，也想不出解决的办法，为了不砸掉师傅的招牌，他只好放弃当修鞋匠，而是回到家乡去种地，成为老实本分的农民。第二位鞋匠开始营业之后，也马上发现了四颗钉子修理的鞋子不够结实，只能算是半成品。然而如此一来，修过鞋子的人们很快就会来修第二次，他的生意也就在无形中变得好起来。他默默地感谢师傅：师傅不愧是个老鞋匠，真是老谋深算，无形中就把生意变得红火起来，利润也增长了一倍。第三位鞋匠开业之后，在确定四颗钉子无法把鞋子修补结实之后，当机立断又多增加了一颗钉子，用五颗钉子修补鞋子。结果，经过他的手修补好的鞋子，甚至比新鞋更结实。渐渐地，他的名气越来越大，很多人都慕名来找他修鞋子。

可想而知，在三个鞋匠之中，只有第三个徒弟经过了师傅的考验，把鞋匠的生意经营得越来越好，而且也把师傅的好手艺传承了下去。

第一个徒弟是个死脑筋，不懂得灵活变通，只能当面朝黄土背朝天、一味埋头苦干的农民。第二位徒弟是个过于精明、斤斤计较的人，为了节约修鞋的成本，也为了让生意成倍增加，所以他遵守师傅的临终训诫，最终把生意做得冷冷清清，人们再也不愿意找他修鞋了。只有第三位徒弟，才真正继承了师傅的衣钵，宁愿吃亏，也要把师傅的好手艺传承下去，也得到了顾客的认可，因而把生意做得更好更大。

很多时候，人们觉得自己吃亏，实际上只是在物质上吃了小小的亏而已。而他们却得到了内心的安宁和平静，也得到了问心无愧的回报，更为自己赚取了好的口碑和声誉，这一切的回报是远远超过那点儿小亏的。因为真正明智的人不会过分计较利益上的得失，而是把眼光看得更加长远，也成功地为自己积累经验和人气，让自己距离成功越来越近。

第09章

没有人是天生的富翁，从性格中挖掘你的财富密码

现代社会，几乎人人都想发家致富，然而，没有人是天生的富翁。哪怕是所谓的富二代、官二代，依然需要努力奋斗，才能创造属于自己的财富。既然如此，我们就要从培养性格入手，深入发掘性格中的财富密码，从而才能让自己具备更高的财商，也才能让自己成功赢得财富的青睐。

坚韧顽强是财富的沃土

顽强与坚韧，显然是一个人性格中最优秀的品质。性格顽强坚韧的人，面对充满坎坷与波折的人生，总是能够坚持到最后胜利到来的那一刻，绝不轻易放弃，更不自暴自弃。他们不但拥有强大的内心，也拥有让人惊叹的伟大力量。细心的朋友会发现，世界上很多大富豪并非天生的富二代，相反，他们之中很多人吃过太多的苦，甚至小时候还曾食不果腹过。他们之所以能够从贫穷中脱身而出，成为拥有实力的大富豪，就是因为他们绝不屈服于苦难，反而越挫越勇，怀着希望和勇气，怀着必胜的信念，最终战胜噩运，成功主宰人生。从这个意义上来说，贫穷有可能成为财富的摇篮，因为那些饱尝生活艰辛的人们，正是因为贫穷，才变得更加顽强坚韧；也是贫穷改变了他们的性格，让他们越挫越勇，绝不轻易放弃。

相反，有些人天生家境优渥，从不为衣食住行发愁，因此他们对于财富并没有那么深刻的渴望，也不觉得现在的生活有什么不好。他们习惯了享受父母为自己安排好的一切，也习惯了支配他们与生俱来就拥有的一切。渐渐地，他们越来越畏缩和胆怯，也经受不起任何失败的打击。他们变成了温室里的花朵，他们对人生唯一的希求就是岁月静好。他们不是顽强坚韧的代表，而成为生活中的中庸一派。这也注定了他们的人生不会有重大的突破，而只能平静淡然地度过。

由此可见，人生中的诸多磨难，对于强者而言是改变的契机，是让自己变得更好的理由。对于弱者而言，却是失败的转折点，是导致人生直转急下不可避免的噩运。每个人要想获得成功，都必须百折不挠地战胜噩运；每个人要想获得成功，就必须永不屈服，坚持笑到最后。

很久以前，有一个身材瘦小、衣着肮脏的年轻人去一家电器厂里应聘，想要获得一个职位。负责招聘的人事主管看着这个年轻人，心中很不以为意，因而随口说道："我们现在不招聘，一个月以后也许需要人。"原本，这只是人事主管的推托之词，不想一个月后，这个小伙子果然又来了。人事主管大吃一惊，因而慎重拒绝道："我们只招聘销售人员，您的形象不太过关，尤其是您的衣着，实在太糟糕了。"被拒绝之后，这个年轻人毫不沮丧，而是当即回到家里四处借钱，为自己购买了一身西装。当即，他就穿着笔挺的西装再次去应聘。

看到年轻人这么执着，人事主管不能再敷衍了事了，因而他只好一本正经地对年轻人说："我们的销售专员要负责售卖电器，需要懂得电器知识。您有这方面的知识吗？"年轻人一言不发，走出人事主管的办公室，当即去寻找电器知识培训机构，而且报名参加了为期两个月的培训。培训结束后，小伙子再次西装革履地来应聘，人事主管敬佩地看着小伙子说："我从事人力资源工作这么多年，第一次看到找工作像你这么坚韧不拔的。”在对小伙子进行电器知识的测试之后，人事主管真心诚意欢迎年轻人加入他们的队伍。后来，这个年轻人在电器行业做出了伟大的成就，他就是日本商界大名鼎鼎的松下幸之助。

大多数人在找工作被拒绝后，一定会扭头就走，重新尝试其他的行业，或者去别的公司继续应聘。像松下幸之助这样接连被以不同的理由拒绝了好几次，却依然能够坚韧不拔继续前来应聘的，实在是很罕见。正是因为他的坚韧和顽强，使他从形象到专业知识都符合电器公司的招聘要求，所以他才能顺利得到梦寐以求的工作。这恰恰是松下幸之助成功的开始，也为他日后成为电器界的传奇人物奠定了基础。

没有人的人生会是一帆风顺的，尤其是在追求财富的道路上。正所谓商场如同战场，虽然没有硝烟弥漫，但是却危机四伏，情势也瞬息万变。任何人要想获得财富，为自己寻找一份心仪的工作，或者自主创业，都要经历很多的挫折和磨难。每一位富翁在成功的光环背后，都会有让自己难忘的奋斗史。我们在羡慕成功者的同时，更要学习他们坚韧不拔的精神，最终才能像他们一样拥有顽强不屈的品质，一步一个脚印地走向成功。

诚信是无价之宝

如今是市场经济时代，几乎每一家企业要想更好地生存下来，就必须追求利润。尽管利润是企业生存之本，却绝不是企业的立足之本。当一家企业为了利润而不择手段，甚至做出违背商业道德的事情时，那么他们距离彻底破产也就不远了。相反，如果一家企业哪怕面临生存的危机，也能够坚持诚信的经营原则，那么这家企业一定能够度过危机，最终成为一家有品牌有口碑也能赢得消费者信任的良心企业。这就像是虽然人人都追求财富，但却不能财迷心窍，为了财富而不择手段一样。总而言之，不管是个人还是企业，都要诚实守信，才能立足于世。

遗憾的是，现在总有些人鼠目寸光，为了追求利润而不顾一切，甚至采取让人憎恶的手段。就在这个夏天，新闻曝光有些加工面条的不良商贩，因为担心面条耐不住高温会馊掉，因而在加工面条时加入甲醛。众所周知，甲醛对人体的伤害很大，这些不法商贩理应遭遇严重的惩罚。前些年，还曝光出一家大的奶制品企业生产的奶粉中三聚氰胺超标，导致很多婴幼儿在食用奶粉后出现发育的异常。随着这些让人触目惊心的新闻不断曝光，食物安全问题已经成为中国人最担心的问题，也由此表现出诸多生意人对于诚信的缺失。人与人之间、人与企业之间一旦没有了信任，还有什么值得托付的呢！这也必然使得整个社会陷入信用危机，充斥着的怀疑和质疑的社会，当然无法给予人们安全感。

一个偶然的机会，亨特应邀入股了一家火灾保险公司。当时，这个火灾保险公司的入股门槛很低，甚至不需要马上拿出现金作为股份，而只需要在股东名册上签字成为正式股东即可。正是这个原因，让迫不及待想要创业的亨特毫不犹豫地签字入股。要知道，亨特正值青春年华，做梦都想要出人头地，但是他空有远大的梦想，却没有经济实力，为此总是四处碰壁，根本无法突破自我，获得发展。

然而，正是签字入股这个举动，让亨特后来不得不承担严重的后果。保险公司运转没多久，就因为一个客户突然发生火灾，导致损失惨重，而濒临破产的边缘。其他的股东因为没有出现金入股，因而也没有受到什么约束，纷纷提出要退股，再也不愿意承担任何风险。亨特尽管也懊悔不已，但是他却从未想要逃避责任。他认为，既然其他股东都退缩了，自己理所当然应该承担起责任，从而把保险公司继续经营下去。为此，他把自己的房产全都低价变卖了，而且还四处奔波，向亲戚朋友们借钱赔偿遭遇火灾的客户。最终，亨特不但购买了其他股东的股份，而且还按照承诺赔偿了那位遭遇火灾的客户，由此，保险公司成功度过经营危机，也因此而声名鹊起，得到而更多客户的订单。

此时此刻，亨特虽然帮助保险公司度过了难关，但是他自己却面临着前所未有的危机。为此，他不得不对客户发出公告，宣布把保费提高到此前双倍之多。不想，客户依然对亨特的保险公司趋之若鹜，很多客户虽然不知道亨特，但在朋友的介绍下纷纷来亨特的保险公司参保。就这样，亨特很快就度过了经营危机，也成为了保险行业的泰斗。

亨特家族之所以借助于一场火灾迅速崛起，并非是因为他们运气好，而是因为亨特先生讲究诚信，哪怕倾家荡产，也要兑现对客户的承诺，负担起客户的一切损失。由此可见，在商海中打拼和奋斗，没有任何东西比诚信更重要。一个人或者一家企业一旦失去诚信，信誉马上就会一落千丈，生意当然也会因此而陷入危机之中。

仅从表面来看，遵守诚信的人也许会暂时吃亏，甚至为了诚信而付出沉重的代价，但是诚信恰恰是无价之宝，是立足于世的根本。唯有拥有诚信，我们才能问心无愧地面对自己和家人，也唯有拥有诚信，我们才能保全自己，让自己始终拥有最重要的资本。一切的失败都可以重头再来，还有获胜的机会，但是一旦失去诚信，就会让人彻底失败，再也无法转败为胜。

成功者不知道“失败”怎么写

在这个世界上，没有任何人不曾经历过失败。可以说，每个人成长的过程，就是不断地经历失败，再从失败中爬起来，总结经验继续向前的过程。曾经有心理学家经过研究发现，大多数人在先天的条件方面相差无几，而之所以每个人在后天的成长过程中变得不同，就是因为他们在人生中努力和坚持的程度不同。尤其是在遭遇坎坷和挫折的时候，失败者面对挫折一蹶不振，因而彻底沉沦；而成功者面对失败却总是越挫越勇，摔倒了就爬起来，失败了就总结经验继续奋斗。这就像是年幼的孩子学习走路一样，如果跌倒了只会一味地趴在地上哭泣，而不能擦干眼泪站起来继续前行，那么他们永远也无法学会走路；相反，如果跌倒了，不哭泣，爬起来继续努力前行，那么孩子很快就能学会走路，而且他们也会渐渐地形成坚韧的品格，绝不轻易向小小的苦难屈服。

要想成功，我们就要把字典里的“失败”二字彻底抹掉。这并不意味着我们不敢正视失败，而恰恰意味着我们一定要有战胜失败的决心和勇气。尤其是在追求财富的过程中，每个人都会遭遇很多挫折和坎坷，就更要战胜困境，把失败视为暂时的不成功。正如一位名人所说，所谓成功，就是在最后一次失败后的又一次尝试。这样一来，可想而知成功就是持之以恒，成功就是决不放弃，成功就是笑到最后。

十七岁那年，韦斯特开始正式创业。他很幸运，利用二百多美元就成功地在股票市场里赚到了将近十七万美元。他兴奋不已，当即用这些钱为母亲买了一套房子，还为自己买了一套昂贵的衣服。然而，他也许是得意忘形，以为世界和平，居然买下了一家钢铁公司。当时，第一次世界大战刚刚结束，但是他的钢铁公司最终只得到了四千美元。这次的损失给了韦斯特致命的打击，让他再次恢复贫穷的状态。不过韦斯特并没有因此就变得一蹶不振，相反，他鼓励自己：“每个人都会犯错，我也会犯错。我犯错之后才能学乖，这让我知道从此以后不要贪图大便宜，否则必然要吃大亏。”

后来，韦斯特开始涉足股市，在交了很多学费之后，他又赚取了很多钱。1936年，韦斯特开始进入冒险状态，也正是这一年，他赚得盆满钵满。他购买了一座经历了火灾的金矿，重新进行开采。果然，韦斯特购买下这座金矿后，才沿着此前的矿洞挖掘了65米，就成功地找到了黄金。由此引发了股市的联动反应，韦斯特又借机大量购入股票，因而大获成功。

韦斯特难道从未遭遇过失败吗？当然不是。他当然遭遇了失败，而且还因为失败导致自己损失惨重。但是他并没有被失败吓倒，而是认为失败是自己学习的机会，也会让自己变得更聪明。所以他在交了数次学费之后，非但没有因为失败变得一蹶不振，反而更加大刀阔斧，对于看准了的机会就努力去抓住，绝不犹豫。正是因为如此，他才最终获得成功。

成功者的字典里绝无“失败”二字，这不是因为成功者不认识失败，不知道失败的威力，而是因为成功者能够鼓起勇气面对失败，也能够从失败中汲取经验和教训，最终超越失败，获得成功。

勤俭持家，节约是根本

自古以来，中国就奉行节俭。很多古代的先哲都主张过简朴节约的生活，这样才能摆脱物质的奴役，从而让精神更加自由，也才能达到更高的精神境界。当然，这是精神层面的节约给人带来的好处。仅从生活物质方面而言，节约也是合乎时宜的。很多人也许会说，以前生活水平低下，各种物质匮乏，节约也情有可原。如今，生活水平极大提高，物质极大丰富，为何还要节约呢？其实，这种观点是完全错误的。人类只有一个地球，如今，各种资源都很紧缺，资源不足将会成为各个国家发展的限制和瓶颈，而作为发展中国家，中国尽管地大物博，但是人口也是为数众多。要想实现可持续发展，就必须奉行节约的原则，从而在稀缺的资源和消费之间达到平衡。

一个人一旦养成节约的美德，就能控制好自己的欲望，让自己的心态归于平静。众所周知，欲望是无底的深渊。很多人盲目地追求名牌，生活极尽奢华，他们并不会因为自己的欲望得到满足，就此收敛欲望。相反，欲望就像无底洞，他们反而因为欲望不断得到满足，而产生越来越多的欲望，最终他们会被欲望裹挟着，受到欲望的奴役，变成欲望的奴隶，再也无法逃脱欲望的束缚。而节约让人对于物质的需求降低，恰恰能够降低欲望，让心更自由地拥抱生活，接纳生活。

很久以前，有一个农民住在伏牛山下。这个农民从小就因为家境贫寒过着苦日子。长大之后，为了改变贫穷，他很辛苦，每天都去地里辛苦地劳作，最终，他的家境越来越殷实。后来，他的两个儿子也长大了，各自成家，有了自己的家庭。临终前，农民把儿子喊到面前，说：“我费尽千辛万苦，才让这个家有了今日的样子。我死后，你们也要勤俭持家，才能把日子过好。”说完，农民把一块牌匾交给儿子们。

农民去世后，两个儿子很快就分家了。他们把牌匾也一分为二，老大分到勤，老二分到俭。从此之后，老大非常勤快，每天都日出而作，日落而息，他牢牢记住父亲的训诫，片刻也不敢偷懒。然而，老大虽然辛勤劳作，他家的日子却过得如同流水一样，丝毫不知道节俭。就这样，老大一年辛苦下来，根本剩不下什么粮食。老二呢，只记得节俭，却不知道辛苦劳作，导致家里也生存艰难。就这样，兄弟俩谁的日子都不好过。直到有一天，一个道人路过村子，看到他们两家各自只有一半的牌匾，情不自禁说道："勤俭勤俭，不能分家。"兄弟俩这才恍然大悟，从此之后他们牢记父亲勤俭持家的古训，日子都越过越好了。

只有勤劳，却不懂得节俭，也无法把财富积累下来。如今的社会上，有很多年轻人都是月光族，他们每个月一发了薪水就开始挥霍，所以哪怕薪水很高，也基本上没什么积蓄，甚至还会因为意外到来变得一贫如洗。不得不说，这样的年轻人财商很低，更不懂得节约的道理，是很难把自己的生活经营好的。相反，有些人虽然薪水不高，但是具有节约的意识，因而每个月都会尽量节省一部分钱下来，等到有了一定的积蓄，他们就会购买理财产品等，从而让自己的日子慢慢地越过越好。

总而言之，一个人不管是贫穷还是富有，都应该坚持节约的原则。很多人因为朋友义气，在和朋友相处时总是大手大脚，花钱如流水。殊不知，树倒猢狲散，一旦有朝一日你没有钱挥霍，这些朋友也许就会远离你而去。真正的朋友不在乎你的经济条件和财力，相反，他们会与你互相督促着勤俭节约，与你一起想方设法创造财富。

勇敢者才能抓住发财的机会

人生中，很多机会并不是一直都有的，而是转瞬即逝的。尤其是那些千载难逢的好机会，更是可遇而不可求。很多人都抱怨自己从未得到任何的好机会，实际上，机会随时都有，最重要的在于必须做好充分的准备，才能抓住好机会。

很多人在面对机会的时候瞻前顾后，或者担心无法取得好的结果，或者担心承担的风险太大，或者担心事情不能朝着自己的预期发展。正是在这样犹豫不决的过程中，机会悄然流逝，而他们悔之晚矣，这才意识到自己要想再得到这样的机会，又不知道要何年何月了。

在这个世界上，没有任何事情是万无一失的。在事情真正发生之前，哪怕我们再怎么未雨绸缪，思虑周全，也无法保证事情一定朝着我们期望的方向发展。这是因为整个世界都处于发展和变化之中，事情的发展更是变幻莫测，常常出乎人们的预料。一个人只有非常勇敢，充满勇气，才能在瞬息万变的世界中把握住属于自己的财富机会。而每一个因为胆怯而止步不前的人，很难当机立断，因而也就很难抓住财富的机会。

刚刚进入石油公司时，洛克菲勒还很年轻，只是一个名不见经传的小职员。他因为家境贫困，从小就没读过书，因而学历很低。除此之外，他也没有与众不同的技术，所以只能接受公司的安排，从事最简单的、哪怕连十几岁的孩子也能做好的工作——检查焊接石油罐的焊接剂滴落是否正常，石油罐是否已经自动焊接好。在整个石油公司里，这是最简单和基础的工作。日久天长，洛克菲勒一直重复着枯燥的工作，未免觉得心灰意冷，也越来越厌倦这份枯燥的工作。但是，他一时之间还没有更好的工作选择，因而只好静下心来重复乏味的工作，每天一上班就瞪大眼睛盯着焊接剂一滴滴地滴下来。

后来，石油公司开始提倡节约，从而开源节流。洛克菲勒突发奇想：每焊接一个石油罐，能否把焊接剂节约下来呢？经过认真观察和计算，他发现必须低落三十九滴焊接剂，才能把一个石油罐焊接好。在经过详细的计算和精确的验证之后，洛克菲勒认为可以节约两滴焊接剂，也就是用三十七滴焊接剂焊接好石油罐。然而，他失败了。在真正的工作中，三十七滴焊接剂偶尔能把石油罐焊接好，却无法始终保证石油罐的焊接质量。为此，他不得不推翻自己之前的设想，从而尝试着用三十八滴焊接剂焊接好石油罐。经过验证后，他获得了成功。也许有人会说，每焊接一个石油罐，只能节省区区一滴焊接剂，但是日积月累下来，石油公司仅节约焊接剂这一项，每年至少能节约五百万美元。所谓积少成多，聚沙成塔，由此可见，洛克菲勒虽然是个不知名的小角色，也力所能及为公司做出了贡献。也正是因为这件事情，他后来才在工作上打开了崭新的局面，最终得到了上司的赏识，成为石油公司的当家人。

每个人都曾经看到过三十九滴焊接剂，但是只有洛克菲勒一个人意识到可以节约一滴焊接剂。这个机会曾经在每个人身边出现过，但是只有洛克菲勒一个人抓住机会改变了自己的命运。对于机会的把握，很多时候是要靠速度，只有做好了充分的准备才能把握住机会。有的时候，要靠发现，要多多用心才能发现身边唾手可得的机会。

总而言之，勇敢地抓住机会，或者勇敢地展开设想，创造机会，这对于想要获得成功的人都是非常重要的。尤其是当你想要摆脱贫穷，创造财富的时候，你就更要鼓起勇气，成为人生的勇敢者和强者，只有这样才能彻底改变命运。

第10章

性格影响职业选择，选对合适你性格的职业

常言道，男怕入错行，女怕嫁错郎。现代职场上，要想在事业方面取得发展，一定要为自己找到最合适的行业，找到最好的平台，这样才能为自身发展创造更好的便利条件，才能让自己的发展事半功倍，效率显著。

为何你总是失败

看到别人轻而易举就能获得成功，很多人都感到奇怪，为何自己总是与成功失之交臂，还总是与失败纠缠不清呢？实际上，这是有原因的。每个人降临人世，都得到了命运的馈赠，他们天生就有很多方面的能力，也拥有自己独特的个性和品质。因此，每个人也都有自己独特的人生，甚至有属于自己与众不同的成功之路。从这个意义上而言，成功是不可复制的。正如一位名人所说，这个世界上绝没有两片完全相同的树叶，也没有两个完全相同的人，更没有一模一样的成功。

成功者也许各自有成功的经验，但是失败者却有失败的共同特点。大多数失败者都是性格因素导致了失败，他们胆小怯懦，而且不懂得寻找最适合自己性格的职业。当一个人把性格的优势发展到不适合的行业中，可想而知效率会有多么低。相反，如果一个人能把自身的性格优势发展到合适的行业中，那么他一定会如鱼得水，在个人的职业生涯中游刃有余。举例而言，如果一个人的性格胆小谨慎，而且有些固执，那么他非常适合从事财务工作。这是因为他的胆小谨慎会让他对于财务工作更加认真严谨，也不会轻易变通，更不会利用职务便利犯罪。而如果这样性格的人从事策划工作，例如从事广告策划，那么他们必然因为想象力匮乏，导致工作上表现很差。和他们相比，那些天生浪漫、想象力丰富也具有热情的人，更适合从事策划工作。从这个角度而言，如果一个人总是与失败结缘，那么一定要看看是否找准了自己擅长的方面，能否发挥性格的优势。否则，一旦方向不对，再怎么努力都是徒劳和枉然的。

马克·吐温是美国大名鼎鼎的小说家，他的小说以幽默讽刺见长，下笔辛辣，铿锵有力，因而他也成为了不折不扣的讽刺小说家，总是以笔作为武器，针砭时弊。很多小说爱好者都喜欢阅读马克·吐温的作品，却很少有人知道他在成为小说家之前曾经试图创业，却每次都遭受失败，导致自己心灰意冷。

马克·吐温当然是才华横溢的，否则他在写作小说方面也不会有那么高的成就。然而，他在小说创作方面的天赋，恰恰验证了他根本没有经商的天赋。偏偏年轻的时候，他也走了弯路，根本没有客观评价自己，也没有按照自己的天赋去选择最适合自身发展的行业。最终，他与自己的性格特点背道而驰。他先是经商，结果赔了夫人又折兵，不但彻底失败，还赔上了此前辛辛苦苦攒下来的积蓄。然而，他性格执拗，坚持不愿意改变自己，一味地相信自己只是因为运气不好才失败，所以爬起来，继续行走经商这条路。这一次，他比此前有了小小的进步，那就是选择了自己相对熟悉的出版行业，想把自己打造成一个成功的出版商。结果，他再次失败了，这次失败导致他在经济上损失惨重，几乎把家产都搭进去了。这次失败也使得他深受打击，元气大伤，彻底失去了信心。他绝望地回到家里，向妻子倾诉自己的人生有多么不如意。善解人意的妻子没有抱怨他，反而安慰他说："没关系，我一直认为你最擅长写作，所以经商不是你所擅长的，失败也在所难免。既然事实已经证明你天生是个小说家，接下来希望你能全心全意地进行文学创作。"从此之后，马克·吐温听从妻子的建议，专心致志地从事写作，最终成为了在全世界范围内都有深远影响力的讽刺小说家。

假如马克·吐温继续经商，也许不仅要赔掉半个家，甚至要把自己的整个家底都赔进去了。幸好他最终听从了妻子的建议，从事自己最擅长的工作——写作，因而获得了好的发展，从而让自己功成名就。

一个人在选择职业的时候，一定要考虑到自身的性格因素，否则很容易因为职业与性格不相符合，而导致职业生涯遭遇惨重的失败和沉重的打击。当然，要想做到这一点，我们首先应该了解自己的性格，从而才能分析自身性格的优势和劣势，也要了解我们即将从事的职业，才能判断我们的性格特点与职业是否相互符合。只有这样我们才能在职业生涯的发展上事半功倍，取得更大的成功。

每片土地，总有一粒种子适合它

很久以前，有一个女孩因高考失利，没有考上大学。为了给女孩找到一份工作，母亲四处托人找关系，才把女孩安排到本村的小学当代课老师。然而，女孩腹有诗书，却不能把自己的知识传递给学生们，甚至连一道简单的数学题都讲不清楚，因而才当老师不到一个星期，就被学生们从讲台上赶了下来。女孩含着眼泪回到家里，母亲安慰她："没关系，有的人能说会道，有的人心里清楚，你只是不适合当老师而已。"

很快，女孩跟随本村的姑娘们一起去南方的服装厂工作，然而她笨手笨脚，在流水线上总是跟不上他人的速度，因而又被老板辞退了。母亲继续安慰女儿："那些姑娘都已经干了好几年了，你才刚刚从学校里走出来，肯定没有她们动作熟练和迅速，这是难免的。"此后，女孩又尝试过很多工作，诸如当会计、当纺织女工、当市场管理员，但是最终都以失败而告终。每次面对女儿的失败，母亲从未抱怨，而始终安慰女孩。后来，女孩因为机缘巧合去了聋哑学校当老师。这份工作，女孩做起来得心应手。后来，她还开办了专门销售残疾人用品的连锁店，在事业上获得了极大的成功。

有一天，功成名就的女孩问白发苍苍的母亲："妈妈，为何您每次都那么相信我呢？"母亲淡然地说："一块地，不适合种麦子可以种黄豆，不适合种豆子可以种蔬菜瓜果，哪怕连种蔬菜瓜果也不合适，还能种荞麦。总而言之，总有一粒种子适合它。"女孩潸然泪下，是母亲的爱支持着她找到了最适合自己的事业和人生。

毫无疑问，女孩一开始之所以总是失败，是没有找到适合自己的职业。正是在母亲爱的支撑和信任下，她不断地尝试，最终才找到最适合自己的职业，从而一举成功。实际上，女孩经历了不断尝试的过程。而如果我们更了解自身的性格，也许就不需要这样盲目地尝试，而可以有的放矢地选择最适合自己的职业，也帮助自己获得成功。

在这个世界上，每个人都是独一无二的存在，每个人的脾气秉性和性格也都是截然不同的。哪怕是来自一母同胞的双胞胎，也许看起来长得一模一样，让人无从分辨，但是实际上他们的性格却完全不同。常言道，性格决定命运，也正是因为不同的性格，才使得每个人的命运都截然不同。

性格有一部分是由遗传的因素决定的，既然如此，我们就要尊重自身的天性，顺从性格为我们指明的人生方向。在不断成长和发展的过程中，我们也要利用后天的各种因素，从而努力改变和完善性格，让性格为我们的人生发展加分。

通常情况下，外向性格的人更适合从事与人打交道的工作，内向性格的人适合从事需要安静和专注的工作；雷厉风行、性格强势也善于协调的人，更适合从事管理工作，而生性腼腆、经常处于被动之中的性格更适合管理好自己，从事技术性工作；浪漫热情的性格适合从事策划工作，而忧郁严谨的性格适合从事严谨的工作，例如财务工作等；想象力丰富的性格适合从事文学创造，而尊重事实的人更适合从事科研工作……总而言之，每一种不同的性格一旦找到合适的职业，都能发挥很好的效果，使得工作事半功倍。而一旦从事了不适合自己的职业，就会导致自己在工作的过程中进展坎坷，极不顺利，而且也会伤害自信心，从而对自己产生质疑，也使得自身发展受到局限。

当然，性格和职业的分析，只能帮助我们大概了解自己与某种职业是否匹配，因为对自身性格的了解和分析未必充分和到位，也因为对某种职业的认识不一定深入，所以不能将性格与职业的匹配程度作为择业的唯一标准。在有了参考的情况下，从自身的具体情况出发，本着对自己负责的态度选择最适合自己的工作，这才是最重要的。

性格互补，成就工作最佳拍档

在寻找人生伴侣的时候，有些人注重性格相似，觉得唯有拥有相似的性格，才能在很多方面不谋而合，获得成功；有些人希望性格互补，觉得这样就能彼此弥补不足，诸如一个稳重的人可以弥补伴侣冲动的不足，一个细心的人可以弥补伴侣粗心的不足。这样想来，其实也是有道理的。但是性格互补对于伴侣而言同样面临一个缺点，即容易导致伴侣之间不能合拍，在很多方面产生分歧。不得不说，这对于保持家庭的稳定也容易形成威胁。毫无疑问，人们在选择伴侣的时候各有各的考量。

和选择伴侣同样的道理，人在职场，人们也希望有一个合拍的工作搭档。毕竟很多工作只靠自己的力量是不能够完成的，而且如今在职场上也更加提倡分工合作，所以有一个好搭档对于提高工作的效率，让工作事半功倍，是非常重要的。当然，选择工作上的搭档毕竟和选择人生伴侣不同，还是应该以性格互补为佳。毕竟工作上的搭档不像人生伴侣一样每天密切相处，关系亲密，而只需要考虑到共同的效益和利益即可，哪怕性格有很大不同，只要对工作有好处，也是可以相互包容和理解的。

小米和小叶是一家二手房公司的销售人员，他们俩是搭档，而且在工作上取得了很好的成绩。小米是个性格温和的女孩，小叶则是个性格强势的男孩。每次一起带客户看房的过程中，小米负责向客户介绍房子的情况，小叶则负责为客户进行专业知识的普及。

在客户对房子感到犹豫而无法做出购买决定时，性格温和的小米总是无计可施，除了一遍又一遍地说房子的优点之外，她无法催促客户做出决定。在这样的关键时刻，就轮到小叶发挥作用了。小叶会强势地告诉客户这个房子是很抢手的，而且也会以专业人士的身份为客户分析购买的优劣势，真正起到引导客户的作用，充当客户职业顾问的角色。这样一来，有小米前期给客户留下的好感，再有小叶后期对客户的及时梳理和引导客户做出购买决策，他们俩的配合天衣无缝，既能对客户进行更好的专业服务，也能对客户产生有效的引导作用。

如果小米和小叶的性格都是唯唯诺诺的，只能服务于客户而无法专业引导客户，那么他们的工作一定会在最后帮助客户做出购买决策时陷入僵局，也会导致客户犹豫不决，甚至错过自己已经看中的房屋。相反，如果他们的性格都是很急躁的，以专业冷静的形象出现在客户面前，那么客户就无法感受到他们热情细致的服务，也很难对他们留下良好的印象。可以说，小米和小叶在工作上简直是天造地设的一对，他们的互补性格让他们的销售工作进展顺利，也让他们在工作上获得了更好的销售业绩。

每一种性格都不是绝对完美的，一种性格要想在工作上获得成功，一定要取得互补性格的支持和援助。这是因为客户的性格也表现出一定的复杂性，并非某种单一的性格就能满足客户的需要。总而言之，如今的职场对于从业人员提出了更高的要求，每一种性格要想获得成功，必须发挥优势，避免劣势，也必须与他人的性格互补，对客户形成全方位的性格覆盖，只有这样我们的工作才能事半功倍。

胆小甚微性格适合什么职业

有的人天生胆小，就连走路都怕不小心踩死了蚂蚁，也因此他们非常谨慎，总是避免犯错，也避免得罪人，更避免因为冲动做出让自己后悔莫及的事情。这一切的担心使得他们做人谨小慎微，做事情总是严肃认真，一丝不苟，最重要的是，他们还表现出谦虚低调的作风，思考问题的时候也总是非常理智。和充满热情的人对于人生总是有很多想法相比，他们不管做什么事情都慢条斯理，他们很少因为冲动让自己失去理智，他们总是未雨绸缪，尽量全面地考虑问题，也尽量圆满地解决问题。不管是在工作中还是在生活中，他们总是待人谦和，甚至从来不大声说话，生怕吓到任何人。看起来，胆小甚微的性格使得他们很难在这个社会上生存下去，而实际上一旦他们找到适合自己性格的正确职业，他们就能获得很好的发展，甚至让自己做出杰出的成就。

胆小甚微的人不喜欢创新和改变，而总是墨守成规。他们的生活特别有规律，例如每天几点睡觉、几点吃饭，每顿饭吃几种肉类、几种蔬菜以及多少主食，都似乎是固定不变的。对于他们而言，人生最大的渴望就是岁月静好，他们从不觉得几十年如一日是一种枯燥乏味的生活方式，而觉得这是生活有规律、现世安稳的表现。他们到底适合从事什么工作呢？毋庸置疑，他们不合适进行创造性工作，也不能担任领导者，更不能成为企业管理者。最适合他们的工作，就是不要求创新能力和管理能力，而要求按部就班、踏实本分的工作，那就是成为秘书、后勤工作者、人力资源管理者、法官、研究人员、档案管理人员、仓库管理员等。这些工作需要严谨的作风，而不需要经常处于改变之中，也不要求从业者具有创新精神。因此，他们在这样的工作岗位上，往往能够取得出人意料的成就，也因为几十年如一日都从不厌倦，所以他们也能做出伟大的成就。

很久以前，妈妈对小林寄予厚望，希望他能成为一个艺术工作者，留着披肩长发，带有浓重的艺术气息。虽然小林是男孩，但是妈妈最喜欢男性艺术家，总是觉得男性艺术家身上有种独特的迷人气质。有一段时间，妈妈也曾经坚持培养小林弹钢琴，妈妈相信当小林又细又长的手指在钢琴键盘上游走时，一定会吸引很多人的关注，甚至得到好运和爱情的青睐。

然而，事实证明，哪怕小林坚持学习钢琴，坚持考级，他依然无法在钢琴演奏方面有任何成就。小林充其量只能成为一个钢琴演奏者，而不可能成为一个钢琴家。思来想去，妈妈放弃了自己的梦想，让小林从事他喜欢的工作——与数字打交道。小林生性谨慎，胆小甚微，在学习会计专业之后，他很快就成为一名优秀的会计人员。从此之后他再也不用与音乐打交道，从事没有任何激情和天赋的演奏工作了，而可以与自己喜欢的数字打交道，享受在复杂的账目中整理出头绪的快感，这让小林感到非常高兴。他成为了一名优秀的财务工作者，整日埋头核对账目，这让他内心感到踏实而又平静。

作为一个胆小谨慎的人，小林虽然迫于妈妈的压力坚持练习钢琴，但是却缺乏对音乐的天赋和理解，更无法做到充满热情地表达自己的内心。他的内心很平静，没有波澜起伏、暗流涌动的情绪，对他而言静下心来算账也许是最好的享受。幸好妈妈尊重小林，最终放弃让小林坚持学习音乐，否则小林也会对妈妈逆来顺受，导致永远也无法做自己喜欢的事情。

现实生活中，很多人因为不懂得选择最适合自己的职业，导致耽误了人生的发展，也使得自己在人生之中失去了主动权。这是作为胆小甚微者尤其要注意的。职业的选择关系到人生的成败，哪怕平日里习惯了逆来顺受，在面对人生重大选择的时候，我们也要坚持自己的主见，不要轻易随波逐流。

固执用在对处，也有积极作用

提起固执的人，相信很多朋友都会觉得头疼，因为大多数人都不愿意和固执的人相处。尤其是在固执者固执起来的时候，简直是油盐不进，刀枪不入。与一个正在固执的人交流，很多时候就像是对牛弹琴，根本无法让交流顺利进行下去，更别说能起到良好的效果了。

固执的人看起来很另类，这是因为他们不仅思想上固执，在很多方面都会表现出固执的特点。他们总是跟不上时代的潮流，也因为固守自己的内心因而显得很迂腐，很保守。他们不但固执，而且还很谨慎，他们对于自己坚持认为正确的东西绝不怀疑，也很难与时俱进，接受新的思想和新的事物。他们思维僵化，注意力总是固执地集中在某一件事情上，根本不懂得变通。可想而知，固执在所有性格中都是劣势占据多数的。那么，对于一个固执的人，到底适合从事哪些工作呢？

实际上，只要找对职业，固执的人很多的缺点就会变成优点。例如在需要保密的行业，固执的人往往能够守口如瓶，他们不为利益所动，始终坚持自己的原则，他们相信做人要问心无愧，因而从来不会出卖自己的良心。他们习惯于埋头苦干，对于自己认准的事情能做到坚持不懈。他们有极强的忍耐力和克制能力，很少因为冲动做出让自己追悔莫及的事情。他们更尊重科学的数据，相信任何推断也比不上数据有更强的说服力。因而他们非常适合从事研究工作，固执的本性使得他们不会自欺欺人，对科学有着严谨求实的精神。他们适合当技术员、保管员、检验员、校对员等工作。这些工作的共同点是只需要埋头苦干、严肃认真就能做好，而不需要与更多人的打交道，或者不需要在工作中发挥创造性或者灵活性。

作为诺贝尔奖获得者，费雪就是一位非常固执而又严谨认真的科学家。他从小出生在富裕之家，有四个姐妹，而他是家中的独生子。原本，父亲希望费雪能够从商，长大以后继承和经营家族事业。然而，费雪却显出对于科学的浓厚兴趣。

1869年，费雪从波恩大学预科班毕业，后来因为身体患病不得不休学两年。正是在这两年期间，父亲不断地游说费雪，让费雪和姐夫学习做生意。迫于无奈，费雪只好遵从父亲的愿望，像姐夫学习生意经。然而，费雪根本不是做生意的料，他也不喜欢和各种心机很重的生意人打交道。因此，费雪在这两年期间过得很辛苦，也很不快乐。最重要的是，他把生意经营得一团糟，甚至连最基本的账目问题都弄不清楚。无奈的姐夫只好告诉老丈人费雪根本不适合经商。幸好，父亲很尊重费雪，看到费雪的确痴迷于科学，就让费雪继续读书了。1871年，费雪十九岁，顺利考入约旦大学，次年如愿以偿进入斯特拉斯堡大学化学系开始学习。

1874年，费雪博士毕业后留在学校从事教学工作，从此之后全心全意地展开科学研究，并且最终获得了诺贝尔化学奖。

费雪很固执，面对家里优渥的条件，面对父亲的殷切期望，他从未改变过自己的心愿，那就是成为科学家，从事科学研究。正是因为他的固执，他的坚持己见，世界上才多了一位优秀的科学家，而少了一位蹩脚的生意人。

当把固执用在正确的地方，固执就会起到好的效果，收获好的结果。不得不说，固执的人尽管在性格方面存在很多劣势，但是他们的坚持无人能及，而坚持恰恰是人们获得成功的必备条件之一。所以朋友们，哪怕你们很固执，也不要觉得自己思想僵化不可救药，只要找到适合自己的职业，你们就可以把固执发挥得恰到好处，甚至还会因为固执而收获巨大的成功呢！

第11章

活出自我，你的性格就是你真实的样子

生活中，很多人习惯于伪装自己，只为了给他人留下良好的印象。而实际上，人生不可能永远依靠伪装，退一步而言，即使伪装了，也未必就能取悦所有人。既然如此，我们为何还要委屈自己呢？每个人最大的成功，不是模仿别人的样子成功，也不是成为别人期望的模样，而是活出最真实的自我，成就最从容的自己。

做与众不同的自己

这个世界上，有太多的成功者值得我们去羡慕，也有太多的失败者值得我们引以为戒，以避免重复他们的老路。然而，我们却无法模仿成功者的成功，也无法避免失败者在人生的道路上走过的错路和弯路。这是因为每个人都是独一无二的个体，每个人的生命都是与众不同的。要想活出最真实的自己，我们就要悦纳自己，尊重和理解自己，也要坚持自己，这样才能成为最特别的自己，也成为最真实的自己。

很多人都因为自己的平庸而感到苦恼，所以他们热衷于读名人传记，想学习名人的成功经验，让自己也能像名人一样获得成功。殊不知，这些选择和决定未必正确，也不是我们获得成功最重要的方法。对于每个人而言，最重要的不是去了解别人，而是了解自己。古人云，不识庐山真面目，只缘身在此山中，每个人都自以为了解自己，实际上却是自己最熟悉的陌生人。当然这并不是说我们不能借鉴他人成功的经验，但是我们要区分借鉴与完全照搬和盲目模仿的关系。每个人的情况不同，每个人所处的时代和家庭成长的背景也是完全不同的，甚至于每个人对人生的观念等都不同。这样一来，我们又如何能够复制别人的成功呢？记住，这个世界上没有完全相同的两片树叶，也没有完全相同的两个人，更不可能有和别人如出一辙的人生。

亨利出生在一个教育世家。他的爷爷奶奶和父亲母亲都是非常优秀的教育家，在教育界小有名气。父母想让亨利和他们一样，也成为一名教师，这样他们就可以利用这些年来在教育界奠定的基础帮助亨利，然而亨利却对当老师丝毫不感兴趣，他的理想是经商，成为大富豪。

毫无疑问，从事教育事业对亨利而言无疑是最具有便利条件的。因为父母的资源会为他提供平坦的发展道路，然而父母对于经商却没有任何经验，因而亨利在经商的道路上碰得头破血流。父母甚至为此对亨利断绝援助，但最终亨利也没有按照父母的心愿成为一名教师。

每一个经商的人都知道，不交足了学费，不摔得头破血流，很难在商业的道路上走出成功之路。亨利也是如此，他不止一次遭遇失败，甚至最悲惨的时候身无分文。但是这一切都没有打消他经商的念头，也不能使他向父母妥协，最终他成功地开展了自己的商业帝国，成为了首屈一指的商业大亨。

如果亨利遵从父母的心愿从事教育工作，那么他也许只能成为一个平庸的老师，甚至他的一生都会碌碌无为、郁郁寡欢地度过。但是亨利没有盲目地选择那条更容易的道路，而是坚持自己的内心，做最独特的自己，哪怕是父母对他坚决要求或者采取经济制裁，也不能使他改变自己的决定。

现实生活中，很多父母都觉得自己从事什么工作，就应该让孩子也从事什么工作，毕竟这样可以实现资源的最大利用。但实际上孩子并非是父母梦想的延续，也不能承担起父母对人生的奢望。每个孩子都有自己的人生，每个孩子都有权利决定自己的人生，既然如此，我们为何不活出最独特的姿态来呢?

不要人云亦云，坚持自我，活出自我

人是群居动物，每个人都是这个社会上的一员。现代社会，很少有人能够离群索居，完全依靠自给自足来满足生活和生存的需要。那么，这就注定了每一个人都要与他人交往。随着时代的发展，人际关系被提升到前所未有的高度，人脉资源也成为人们必不可少的资源之一。然而，人际关系实在是一个让人感到头疼的问题，因为很少有人能够把人际关系处理得恰到好处。

如果把人际交往比喻成一个无形的大舞台，那么人与人之间的交往就像是正在跳着的不同舞蹈，有人跳的是华丽的探戈，热烈奔放，斩钉截铁，有人跳的是温柔的舞曲，彼此缠绵粘腻。总而言之，不管人与人之间的关系是怎样的，都需要交往的双方付出极大的心力，更要坚持不懈地付出和投入，也要能够互相包容和理解，才能形成一段良好的关系。在每一段人际关系中，人们彼此之间总是相互影响的，这是不可避免的。

需要注意的是，很多人为了取悦他人，总是过度放弃自我，委曲求全，服从于他人。这是不可取的。就像在婚姻关系中，如果一方总是一味地退让，服从另一方，宽容和包容另一方，那么最终的结果不是这段婚姻变得更圆满幸福，而是有可能以婚姻破裂作为结束。这是因为一个人如何改变也不可能完全符合他人的要求，更不可能完全达到他人的预期。网络上的新闻中，有一个女孩为了自己的男友在几年的时间里整容三十次，就是为了让自己的长相达到男友的满意。然而，男友从未对她满意，最终还是选择与她分手。女孩非常痛苦，也很懊悔自己为了一份不值得的爱情失去自我。痛定思痛，她说："虽然我如今有一张假脸，但是我终于找回了真实的心。"听到这句话，我们不由得想起一首歌中唱的："啊，这是多么痛的领悟。"记住：既然我们无论如何都不能避免最坏的结果，又为何不活出最精彩而且真实的自己呢？可以想象在家庭生活中，夫妻双方不可能永远戴着假面具生活，那么长久而又稳定的夫妻关系一定要建立在彼此真实相对保持自我的基础上，否则又有谁愿意为了谁委屈自己一辈子呢？

当然，夫妻关系只是普通人际关系的一种。对于每一种人际关系而言，我们都要坚持自我，说出自己的心声，而不要人云亦云，最终不但失去了自己的声音，也迷失了自己的内心，反而在茫茫人群中毫无辨识度，最终失败。

大学毕业后，刘强去参加一家大型企业的面试。这家大型企业的面试场景非常壮观，足足有二百多号面试者排队在大厅里等候。实际上。

这家企业所要招聘的只有十个人而已。为此，刘强心中忐忑不安，他知道自己并非名校毕业，也知道自己并没有过人的才华和能力，但是他还是决定要试一试，毕竟最终的结果还没出来，谁也不能确定自己就是被淘汰的人。

刘强的面试排在比较靠后的位置，等到刘强面试的时候，大厅里的二百多人只剩下二三十个人在等待。在漫长的等待过程中，刘强非常着急，也非常担心，然而他依然努力让自己保持最好的状态。面试官看到刘强走进来，直截了当地问刘强："你觉得我们的面试活动组织得如何？刘强心想：我原本胜算的机会就不大，为何还要委屈自己说谎话呢？"这样面试的过程，让大多数人都足足等了一天的时间实在是效率低下。为此他开门见山地对面试官说："恕我直言，我觉得贵公司的面试组织得非常失败。想想看吧，这么多人参加面试，最好先进行简单的笔试筛选，这样一来就可以让优秀者脱颖而出，然后再针对优秀者进行初步筛选，最终再由您亲自对经过两轮筛选的面试者进行最后的面试，这样效率会更高的。就以我为例吧，从早上七点到达贵公司，就开始了漫长的等待，此时已经是下午五点了，我饿得饥肠辘辘。又不敢离开面试现场。此时此刻，我虽然终于见到了您，但实际上状态已经很差了，这无疑会影响我的表现，也有可能让贵公司失去优秀的人才。"刘强说完，就心怀坦荡地看着面试官。

面试官的嘴角露出不易觉察的微笑，他让刘强回家等通知。刘强心中沮丧，心想自己肯定是没有希望通过面试了。不想，他刚刚走出公司，就接到人力资源部打来的电话，通知他第二天来公司报道。刘强惊讶极了。经过一个月的适应期之后，刘强和面试官渐渐熟悉起来，这才知道面试官之所以一见面就问关于面试的尖锐问题，就是想看刘强能否坚持自己最真实的想法。和那些极力讨好面试官的回答相比，刘强的回答显然非常符合面试官的预期。

现代社会，很多人都戴着面具生活。他们为了讨好别人而不惜委屈自己，最终导致自己成为了生活的伪装者。实际上，生活中他们却抱怨一切都太虚假，而根本不知道自己也是虚假的制造者。假如人人都能真实面对自己的内心，那么整个世界也会变得从容许多。

当然，这并不是说人生任何时候都不必伪装，只是在人与人交往的过程中，我们要更加真诚，也要更加尊重自己的内心。否则为了讨好别人而一味地委屈自己，根本不是长久之计。从另一个角度来看，他人对于我们的伪装也会有所觉察，尤其是在职场上复杂的人际关系中，一个人也许可以伪装一天，却不可能伪装一年，更不可能伪装一辈子。释放真实的自己可以得到一些人的喜爱，也会被一些人憎恶，而自己却能够坦然面对人生，这才是最好的状态。

个性灵活，遇事情随机应变

西方有句谚语："条条大路通罗马。"相传古罗马城非常繁华，而且把道路修筑得非常好。不管从哪一条道路朝着罗马城方向行进，最终一定能够到达罗马城。现代人也用这句谚语来比喻办法总比困难多，形容人们只要开动脑筋，采取发散性思维，就一定能够找出彻底解决问题的办法。

生活中，很多朋友都会开车，那么在开车去往各个地方的时候，难免会遇到此路不通而不得不掉头再重新寻找新的道路。那么有没有人明明知道这条道路不通，却偏偏要从这条道路经过呢？当然会有。正如鲁迅先生所说，世界上本没有路，正因为走的人多了，也便成了路。这告诉我们面对很多问题，有太多的人都非常执着，因而他们能够想方设法解决问题，而不是刻意回避问题。需要注意的是，这里所说的执着与灵活之间并不相矛盾，因为执着并不是固执，执着是一种对于一件事情始终坚持的态度。执着的人同样可以灵活变通，这样一来，在遇到困难和阻碍时，他们就不会轻易放弃，而是试图通过其他的途径解决问题。

在生活、学习以及工作中，每个人都需要变通。正所谓举一反三，正是因为有灵活变通的态度，人生才会充满无穷的智慧。作为我国古代的大教育家，孔子就很懂得变通的道理。孔子有很多学生，每个学生的脾气秉性都各不相同，在对待这些学生时，孔子就会采取不同的教育方法。这大概就是现代教育学所提倡的因材施教的雏形吧，我们也应该向孔子学习，让自己学会灵活、机智地采取各种方法解决问题，应对外界的变化，也与他人处理好人际关系。

三国时期，三足鼎立，有一次，曹操亲自率领大军出征。在行军的过程中，曹操率领大军经过一片麦田。道路两旁的麦田中，麦子都已经成熟了，沉甸甸的麦穗让麦子弯下了腰，完全是一派喜人的丰收景象。然而，当时正值丰收的季节，原本田地里应该有很多百姓忙碌着收割麦子，却没想到田地里空无一人，老百姓们都跑得无影无踪，人人都躲藏在家里，根本不敢来地里收割麦子。为此，曹操当即下令命令全体将士必须保护好沿途的麦田，还宣布任何人都不得踩坏了老百姓的田地，违反者一定要斩首示众，从而保证军纪严明。

为了让老百姓抓住好时机收割麦子，也为了让老百姓不再一看到将士们就吓得胆战心惊，曹操还派出很多士兵挨家挨户地告诉老百姓们："我们只是为了收服叛军，不会伤害普通百姓，请你们不要害怕，放心出来收割麦子吧。在行军途中，我们也一定会保护好路边成熟的麦子，希望你们尽快出来收割，否则错过收割季节，或者遇到下雨，就没有粮食吃了。"

全体将士都知道曹操言必出行必果，因而每个人都严格遵守纪律，没有任何人敢践踏道路两旁的麦田。然而，有一天，正当曹操骑马前行时，麦田里突然飞奔出来一只受到惊吓的野兔，导致曹操的战马也受到惊吓，在惊慌失措之际跳入麦田中踩坏了麦子。曹操想到自己曾经下的命令，马上要求相关的官员立即对自己进行军法处置。官员当然不敢斩首曹操，总是推脱，曹操着急了，赶紧拿出随身佩戴的宝剑，坚持要自刎谢罪。随从的官员们立刻阻止曹操，但是一时之间又想不出合适的说辞。曹操态度坚决，他不愿意因为自己就破坏了军中的法纪，也担心会有将士以他为借口，破坏法纪。

正在众人僵持不下，进退两难之际，大臣郭嘉一拍脑门想出了一个好主意。郭嘉对曹操说：“法不加于尊。丞相触犯法纪也并非故意，而是战马受惊导致的，所以更不能因此承受杀头的责罚。”郭嘉的话启发了曹操，曹操灵机一动说：“那我就不掉脑袋，掉头发，以示惩罚。”曹操当即用宝剑削掉自己的头发，发生这件事情之后，将士们更加把曹操的军纪牢牢记在心中，严格遵守军令，谁也不敢以任何理由和借口违反军纪。

历史上，割发代首的故事流传已久。大臣郭嘉毫无疑问是一个非常懂得变通的人。他希望能够维持军中的和平，也希望保住丞相的性命，但是又不能让丞相公然违反军令，却不受到任何惩罚，因而就想出“法不加尊”的理由。这恰恰启发了曹操，因而想出了割发代首的好办法。毫无疑问，这个办法非常灵活，既保全了丞相的性命，也让丞相能够执行自己定下的规矩，从而起到震慑将士的作用，还能保持军中的稳定和团结，可谓一举数得。

遇到难题时，一味地采取进攻的姿态并不一定能够解决问题。有的时候，我们也需要适当后退或者忍让，只有这样才能迂回曲折地解决问题。尤其是现代社会各种情况层出不穷，人际关系也变得更加复杂，在与人相处时，我们更要灵活处事，拥有圆融的智慧，这样才能既处理好人际关系，也保全自己的颜面和尊严。

找到与自己合得来的人

现代社会，人的群体属性变得越来越明显，人与人之间的关系也变得更加密切。尤其是随着现代化通讯技术的发展，人与人之间哪怕不见面，不亲自接触，也能产生各种互动。诸如电脑、手机的普及，以及网络的发达，使人与人之间几乎可以随时随地互动。一个人哪怕足不出户，也能马上知晓世界各地发生的事情和新闻。随着低头族的增多，也表现出现代人对于通信设备的依赖，可以说，几乎没有人能够离开现代化通信设备而正常地生存下去。

假如把你关在一个房间里，只给你一些基本的生活用品，而不给你手机、电脑，也不给你网络，那么你能坚持多久呢？对于很多极端依赖现代通信设备的人来说，也许一天都很难熬。细心的朋友们发现，很多人在忘记带手机之后总是魂不守舍，生怕手机上有未接来电或者错过的信息，不得不说，大多数人都过度依赖现代通信设备。坐在地铁上，放眼望去，车厢里都是低头族，很少有人能与身边的人进行短暂的沟通与交流。不得不说，人们现在已经进入了虚拟的交往时代，而对于真实的交往，反而变得越来越不在乎了。即便如此，交际也依然是人生中的重头戏。常言道，人以类聚，物以群分。不管是在虚拟的网络世界，还是在真实的社会生活中，在与他人交往的过程中，我们都必须解决一个问题，即找到与自己合得来的人。所谓合得来，往往指的是性格上合得来。因为唯有性格相融，人们彼此之间的相处才会更加友好融洽。由此可见，很多人都希望知道如何找到与自己合得来的人，也让人际交往事半功倍。因为如果是针尖对麦芒式的交往，总是会导致非常不愉快的后果。既然如此，不如先分析自己的性格类型和属性，这样才能有的放矢地结交朋友。

前文说过，很多年轻人在寻找人生伴侣时都希望能够找到与自己性格相似的伴侣。当然，因为每个人对于婚姻关系的憧憬和理解不同，所以也有的年轻人希望能够找到性格互补的伴侣。与寻找人生伴侣不同，在职场上，大多数工作搭档都应该是性格互补的，这样才能在工作上相互弥补不足，从而让工作效率倍增，也让工作事半功倍。那么对于交朋友而言，我们应该寻找什么样的人作为交往的对象呢？实际上，在人际交往的过程中，人们往往都有求同心理，都希望找到与自己志同道合、志趣相投的朋友，这是因为在跟与自己性格相似的人相处的过程中，人们能找到更多的认同感，从而也水到渠成地获得安全感和归属。从心理学的角度而言，这其实是相似性原则在发生作用，在引导人们寻找与自己更合得来的人在一起。

在班级里，小佳与小梦是好朋友，她们两家离得比较近，所以她们在上学的路上经常能够碰到，在放学的时候也常常结伴而行。然而，当老师把小佳与小梦调整成同桌时，他们的友谊却戛然而止。

原来，小佳是一个非常热爱干净整洁的姑娘，她总是把自己的课桌收拾得干净清爽，而小梦却是一个粗心大意的姑娘，她的课桌总是凌乱不堪，而且她从来不收拾课桌。为此，小佳几次让小梦把课桌收拾得干净一些，小梦却不以为然。虽然小佳主动帮助小梦收拾了几次课桌，但是因为小梦不知道保持，所以课桌很快又恢复了脏乱差。最终，小佳主动去找老师，要求把她和小梦调开。老师很纳闷，问："你们不是好朋友吗？成为同桌，更有助于你们在学习上相互帮助啊！"小佳说："我实在无法忍受小梦的课桌乱七八糟，我想我还是更愿意回到原来的座位上，与我那干净清爽的前同桌继续当同桌。"

可想而知，小佳与小梦根本不是同类人。也许有些人会说，她们只是卫生习惯不同而已，说不定其他方面很和谐呢？其实不然。从表面上看，小佳与小梦只是卫生习惯不同，但是却折射出她们很多方面的差异。也许她们此前的友谊只是开始于上学路上偶然遇到，所以显得关系比较好而已，但是当进入真正的朋友关系后，他们对彼此的了解更加深入，这才发现两人不但卫生习惯有着很明显的差异，也许在很多方面也缺乏共同的观点。所以，她们只能当普通的好朋友，而不能过于亲密相处。

实际上，这个世界上并没有完美的朋友，因为这个世界上从来没有任何人是真正完美的。既然如此，我们要学会包容朋友，从而才能与朋友更好地相处。但是需要注意的是，所谓的包容必须建立在有一定共同特点的基础之上，如果两个人的性格水火不容，而且对于生活的习惯和做法也完全不同，那么即使再包容，只怕也难以让友情继续维持下去。

当然，这并不是说谁的性格更好，或者谁的性格不好，而就像人们常说的那样，两个好人不一定能够好好相爱，两个坏人也不一定会远离爱情。相处的感受是交往双方切身体会到的，作为局外人，永远也读不懂其中的奥秘。

如何结交亲密无间的好朋友

古人云，人生得一知己足矣，这足以告诉我们每个人在人生中都有可能结交很多的好朋友，但是真正亲密无间的好朋友却可遇而不可求。现在社会有很多形容亲密友谊的词语，例如闺蜜、哥们儿等。通常情况下，关系亲密的女朋友可以互称为闺蜜，如果闺蜜也不足以形容彼此间亲密无间的友谊，那么还可以把闺蜜的称呼升级，称为骨灰级闺蜜。骨灰级闺蜜无疑是最高级的闺蜜形式，意思哪怕生命不再，化作尘土，也依然是彼此最亲密的依靠。男性的好朋友之间可以称为哥们儿或者兄弟。手足之情对于男性而言是更为重要的，因而兄弟的感情往往比哥们儿之间的感情更加深厚和牢固。

然而，不管多么深厚的友谊，一个人都无法真正做到站在他人的立场上思考问题，理解他人的感受和感触。正如大哲学家苏格拉底曾经说的，一个人假如总是站在自己的立场上考虑问题和对待他人，那么他难免会犯主观主义的错误，把自己的观点强加于他人。由此可见，不管我们怎么设身处地，都无法真正成为他人，这也告诉我们在与他人相处时一定要竭尽所能，从他人的立场出发，为他人考虑，才能相对而言了解他人的所思所想和所需要被满足的需求，也才能真正成为他人值得信任和托付的知己。

知己的关系必须彼此心意相通才能实现，因此哪怕两个人之间有血缘关系，是真正的亲兄弟，也未必能够做到彼此知晓心意。相比之下，女性姐妹之间相互了解的程度就会高很多，这是因为女性更善于向对方倾诉，也愿意敞开自己的心扉寻求对方的帮助。在这样的情况下，女性当然会更多地与自己的手足姐妹互通有无，也就能够加深彼此之间的感情。当然，姐妹亲情的关系不是成为知己的充分条件，很多人哪怕第一次见面，也会感觉相见恨晚，最终成为彼此最贴心的朋友。例如在高山流水的典故中，钟子期和伯牙就是一见如故，心意相通的典型。每当伯牙弹琴时，钟子期总是能够理解伯牙的琴声所表达的思想和感情。因而在得知钟子期去世的消息之后，伯牙就把琴砸碎，再也不弹琴了。这告诉我们，朋友容易得到，但是知己却可遇而不可求，而且很多人穷尽一生也未必能够遇到真正的知己。

实际上，要想成为他人的知心人也是需要技巧的，尤其是在复杂的人际关系中，作为他人的知心人，一定要更加设身处地为他人着想，也要理解他人的委屈。当你把话说到他人的心里去，你自然能够触动他人的心弦，从而与他人产生心理上的共鸣。就算不能成为知己，在产生心理共鸣之后，你与他人之间的关系也会更进一步。毫无疑问，这是有利于人际关系的建立和发展的。

进入公司之后，小敏觉得自己和上司的关系非常生疏。有的时候，上司开会的时候要求同事们发表意见，小敏也勇敢地说出了自己的见解，但是上司却总是对小敏的意见听若未闻，更从未采纳过小敏的意见。渐渐地，小敏觉得上司不但故意疏远自己，而且还会有意识地冷落自己。等到再开会的时候，小敏就学乖了，她把自己藏在角落中，再也不轻易发表意见了。

有一次，上司向大家征集广告策划创意。同事们纷纷发表了自己的灵感，小敏也的确很有感触，但是考虑到上司对于她的意见总是不以为然，她便要求自己不发言，从而避免再次遭到上司的冷遇。然而，上司对于很多同事的提议都不满意，他突然想到小敏每次都能提出与众不同的见解，因而决定问一问小敏有没有什么好的想法。

借着中午吃饭的机会，上司特意与小敏同桌，并且询问小敏关于这次广告策划的灵感。小敏犹豫不决，欲言又止，上司意识到小敏也许是心中有所顾虑，因而鼓励小敏："实际上，你在前几次会议上的发言都非常精彩。不过，当时我觉得你作为新人应该多多听取大家的意见，也不想让你骄傲，所以故意没有表现出对你的更多关注，也没有当着大家的面认可和表扬你，以免你遭人妒忌。不过你现在进入公司有一段时间了，工作经验也更加丰富了，我觉得你可以更好地展示自己的才华了。当然，你现在的态度我也可以理解，如果我是你，当满怀热情地说出意见而不被采纳时，也必然觉得受到了打击。你的热情会减弱，甚至会感到心灰意冷，我完全理解，也希望在未来的工作中，你能够在工作上多多与我配合，我还是很看好你的。"

听完上司的话，小敏心中的委屈都烟消云散了。原来，上司非常理解她的感受。虽然这一切都是上司导致的，但是小敏心中对上司的愤懑全都消失了。她和上司开诚布公地说起自己的见解，上司这次非常重视小敏的创意，而且让小敏成为项目负责人。就这样，小敏与上司的关系从此得到改善，而且小敏总是愿意把自己的好想法统统告诉上司，也因而成为了上司的左膀右臂。

小敏原本因为遭到上司的冷遇而觉得心灰意冷，但是在上司表达出对小敏的理解之后，小敏心中的疙瘩马上就解开了，这是因为上司能够对小敏做到换位思考，正是这一点让小敏觉得受宠若惊。她很清楚自己能遇到这样的上司是幸运，哪怕之前有过小小的委屈，也就让它完全过去吧。

要想成为他人的知心人，我们就要勇敢地说出“如果我是你”这句话。哪怕这句话听起来平淡无奇，但实际上却有神奇的魔力。一个人对于他人设身处地地为自己着想的行为，即使表面看起来没有感恩或者感激，但是他的内心深处也一定会深受感动，并且马上把对方在自己心目中的位置提升到一定的高度。从这个角度来看，换位思考是我们在人际关系中必须掌握的杀手锏，当我们真正做到这一点时，就能成功地打开他人的心扉，甚至成为他人的知心人了。做到这一点，对于我们改善与他人之间的关系效果显著，也能够帮助我们增进与他人之间的友谊。

第
12
章

交际中的心理学，好性格让你成为社交高手

毋庸置疑，在这个社会上，每个人都需要与他人之间建立关系，每个人都要生活在人群之中。这样一来，人际关系变得前所未有的重要，而好性格恰恰能够帮助我们成为社交高手，也能让我们因为得到更多朋友的帮助和扶持，最终拥有充实快乐的人生。当然，成为社交达人只懂得社交心理还是远远不够的，也要知道在与人相处时如何发挥好性格优势，才能有效推动人际关系的发展。

为何人不能孤独一生

每个人都是社会性动物，每个人都生活在群体之中，每个人都无法完全离群索居而只依靠自给自足过完这一生。尤其是在现代社会，人与人之间的分工合作越来越密切，一个人如果总是孤僻地独来独往，那么他就很难感受到生活的乐趣，也根本无法保质保量地生存下去。从本质上而言，每个人都希望与自己身边的人建立亲密的关系，也希望与身边的人一起融入共同的团队之中，这样一来，他们才会有朋友和同伴，也才会在人生之中不觉得孤单和遗憾。那么，人为什么一定要让自己拥有更多的朋友呢？这到底是出于什么样的心态呢？了解这个问题，会有助于我们正视自己对于友情的需求和渴望。

不可否认，朋友是我们一生的陪伴，一个人如果一生之中没有任何一个朋友，那么他一定会觉得非常孤单。古代社会，就算是大汉奸秦桧也有三个好朋友相助呢，更何况我们作为普通人，根本离不开朋友的相依相伴。正如周华健在一首歌中唱的那样："朋友一生一起走。"也许父母会在年老之后离开我们，也许爱人会因为各种原因与我们形同陌路，但是朋友却是我们最长久而又最忠诚的陪伴。生活在由同伴和朋友组成的人际圈子里，每个人都会觉得更安全舒适。而且从实用的角度来说，当我们拥有由朋友和同伴组成的人际圈子，我们就拥有了丰富的人脉资源，我们的生活、学习和工作都会得到更多的便利。当遇到无法解决的难题，我们可以求助于朋友，而我们的朋友又会有更多的朋友，这样一来。问题总会得到圆满的解决。在一个志同道合的朋友圈子中，我们还很容易遇到自己人生中的另一半。他们会与我们志同道合，志趣相投，甚至于我们恋爱的过程也会因此而变得更加美好和顺利。总而言之，对于每个人而言，生活在人群之中总比一个人独来独往感觉要好。

当然，这也并不意味着我们在结交朋友的时候要完全出于功利的目的。朋友之间最重要的是彼此之间的信任和感情，而不是因为互相能给对方带来什么好处。如果说朋友真的能让我们的生活变得更便利，那也是在建立友谊的基础之上，心甘情愿而做出互惠互利的举动。实际上，人之所以交朋友，是因为人的本能。人都有亲和欲求。所谓亲和欲求，顾名思义就是希望与他人亲近的需求。在亲和欲求的驱使下，人都想与他人建立密切的关系。当然，每个人的亲和欲求都是不同的，这也合理解释了为什么有些人朋友遍天下，而有些人只有少数几个朋友，甚至还有的人离群索居，几乎没有朋友。

通常情况下，女性更愿意与他人亲近。心理学家经过研究发现，在不止一个子女的家庭中，最大的那个孩子的亲和欲求，往往比其他的弟妹更强烈。细心的朋友们会发现，每个家庭中最大的那个孩子就像是家长一样，总是愿意把兄弟姐妹们团聚在一起。这并非偶然，而是有心理依据可循的。

没有人愿意孤独地度过一生。新生儿从呱呱坠地开始，就在父母的照顾下成长。当渐渐长大，他们与父母的关系不再那么亲密，这个时候，他们也没有达到谈情说爱的年纪。因而，他们交朋友的愿望就非常强烈，他们需要在朋友的陪伴下才能度过人生中这一段孤独的时光。从此之后，哪怕结婚成家，他们也依然需要拥有自己的朋友。男性时不时的与朋友在一起谈天说地，这是与妻子在一起不可能得到的轻松感受。女性也会在结婚之后继续与闺蜜好友保持亲密的关系，甚至与闺蜜好友分享自己的私人话题。毫无疑问，这都是亲和欲求的表现。

不同的人，对于亲和欲求的对象也有不同的要求。例如，有人觉得和朋友亲近使他们觉得舒服，有人觉得和家人在一起才让他们最心安，也有人觉得只有和自己所爱的人在一起才是不负好时光。总而言之，每个人对于亲和欲求的对象需求不同，每个人也渴望向不同的人寻求对亲密关系的满足。

日本曾经有心理学家在2009年针对学生群体进行过调查，结果显示，针对“学习的意义是什么”，大多数学生都认为学习最大的意义在，通过在学校中与同学们一起读书，可以培养友情，结交朋友。事实证明，在接受调查的全部国家中，占有相当比例的年轻人给出了这看似“驴唇不对马嘴”的回答，这恰恰表明年轻人的亲和欲求是很强的，他们也急需结交朋友来一起行走人生之路。人们常常祝愿友谊之树常青，不可否认，友谊是支撑人们充实快乐地度过一生的精神支柱，也是人们在艰难的处境中必不可少的力量源泉。

首因效应：第一印象奠定交往基础

心理学上有一种效应，叫首因效应。所谓首因效应，意思是说原本陌生的人在第一次见面之后，会对对方形成第一印象。而第一次印象的好坏往往决定了人们在日后的交往中能否顺利进行，并且相互亲近。实际上，人们与陌生人交往正是为了满足亲和欲求。很多人是有意结交朋友，才愿意与更多的陌生人相处。既然如此，第一次见面也就成为人际交往的第一步。那么，如何才能在第一次见面时就给他人留下良好的印象呢。这一点，对于交往基调的奠定非常重要，甚至决定了人们在日后的交往中能否形成深厚的友谊。

在江苏卫视的征婚节目《非诚勿扰》中，女嘉宾往往站在舞台上特定的位置，而男嘉宾则从后台走出来，向女嘉宾展示自己。除了现场的展示以外，他们还会通过VCR等对自己进行更全面的展示。然而，让人感到奇怪的是，很多男嘉宾一出场才说了几句话，等不到播放VCR的时候，他们的二十四盏灯就会灭得只剩下几盏了。相反，有的男嘉宾则能在短暂亮相的时间里抓住女嘉宾的心，即使VCR播放完了，显示了他们小小的缺点和不足，但他们到了最终决定灭灯的阶段，也依然亮着十几盏灯。仅从表面来看，这些从一出场就被疯狂灭灯的男嘉宾，和那些到了最后阶段依然被留灯很多的男嘉宾之间并没有太大的区别，那么女嘉宾们到底是根据什么来对这些男嘉宾进行迅速判断和取舍的呢？

心理学家经过研究发现，两个陌生人第一次见面的时候，只在见面的第一瞬间，也就是大概在六秒钟左右的时间内，就能给对方留下初步印象。这个初步印象会长久地留在对方的脑海中，甚至影响与对方接下来的交往。事实证明，第一次看到的情形或者是第一次听到的语言，会给人留下深刻的印象，而且第一次形成的印象会长久地留在人们的记忆中。大多数人在第一次与他人见面时都无法更好地表现自己，这是因为初次见面，有的时候是在有计划的情况下，而有的时候则完全是在突然的情况下。实际上，哪怕经过很充分的准备，我们也无法控制自己在短暂的六秒内给对方留下好的印象。从这个角度而言，第一印象的形成并非是我们可以绝对控制的。因而，要想给对方留下良好的第一印象，一定要把工夫做在平时，要让自己的举手投足之间都表现出非凡的魅力，这样才能真正征服对方的心。

大多数情况下，一个人对自己的判断和总结与给他人留下的第一印象总是截然不同的。例如一个人觉得自己非常诚实、真诚，也是值得信任和托付的，但是在初次见面的过程中，他他却很有可能给他人留下了油嘴滑舌的形象。可想而知，如果男嘉宾在相亲过程中出现这样的情况，那么其心里对自己的预期与实际表现的情况，相差该是多么巨大。当女性嘉宾马上淘汰他而不愿意继续为他留灯，相信可怜的男嘉宾一定会感到莫名其妙。看到这里，有的朋友一定会很纳闷：不是有句话叫

“路遥知马力，日久见人心吗”？难道不是应该经过长久的相处才能判断一个人的真心吗？当然，这句话很有道理，也告诉我们不能轻易相信一个人。实际上，我们的确不能轻易判断一个人是好还是不好，毕竟短时间的相处不能给对方留下全面的印象，也无法深入了解对方。然而，这并不影响第一印象的作用，最好的做法是在第一印象形成之后，还应该给予对方更多的机会来表现自己，从而更加深入全面地验证第一印象。

第一印象的形成非常复杂，绝对不是简单地通过外在表现就能确定的。很多时候，一个人的体态、发型、姿态、说话的语调等，都会综合起来形成给他人的印象，在这种情况下，我们不免感到惊叹，因为小小的第一印象只形成于短暂的几秒钟之内，但是却能折射出我们为人的方方面面。从这个方面来看，一个人很难对自己的第一印象进行操控，这也就意味着第一印象是很难按照我们想要表现出来的样子改变的。既然一个人很难决定自己给人留下怎样的第一印象，那么在平日就要注重提升和完善自己，这样才能让自己在他人面前有更好的表现，也为交往奠定良好基础。

周末，小雅在大姨的安排下要去和一个三十多岁的青年才俊相亲。小雅也已经年过三十了，所以父母把她的终身大事放在第一位，坚决要求她必须在年内解决个人问题，哪怕只是确定一个恋爱对象也好。

迫于父母的压力，小雅只能接受大姨的安排。然而，小雅是一个中规中矩的女孩，她对于爱情有着自己的憧憬，甚至还揣着少女时代的梦。约会当天，小雅早早赶到，她很守时，不希望给人留下不好的影响。小雅坐在预先定好的座位上等待相亲对象的到来。大概过了约会时间五分钟，一个中等身材、头发梳得一丝不苟的男性拿着和小雅一样的杂志，走到小雅面前，笑着和小雅打招呼："美女，你是在等我吧？"原本，小雅就因为对方迟到而觉得有些不高兴，她期望对方到来的时候能够表示歉意，或者至少解释下自己为何迟到。但是对方非但丝毫没把迟到的事情放在心上，反而轻浮地以"美女"称呼小雅，这让小雅觉得很不高兴。虽然现代社会很流行"美女"这个称呼，似乎"美女"也成为了大众化语言，但是小雅总是不能接受。总而言之，小雅对这位男性的印象很差，勉强进行完相亲活动，小雅拒绝了对方要联系方式的请求，就离开了。

对于这位男性而言，首先他没有因为迟到而给出小雅任何解释，也没有做出歉意的表示，已经给小雅形成了不好的印象；其次，正是这简简单单满大街都有人在说的"美女"二字，使他在小雅心目中的形象更加大打折扣。我们也可以说小雅对美女二字过度敏感，但是小雅觉得一个男人对着初次见面的女性说出"美女"二字显得轻浮也不无道理。毕竟如果对方和小雅是同道中人，那么他也不会轻易轻浮地称呼一位初次见面的女性，而如果小雅和对方性情相投，那么甚至还会因为对方称呼自己是"美女"而感到高兴。究其原因，这次相亲活动之所以以失败而告终，是因为小雅与对方根本道不同不相为谋，从小小的事情就能表现出他们的巨大差异。

第一印象如此重要，我们要从各个方面提升和完善自己，从而让自己更加优秀，也能够顺利给他人留下良好印象，为相处奠定更好的基础。

成就好印象，做好万全准备

前文说过，第一印象是由综合素质决定的。那么，除了第一印象之外，在继续相处的过程中，我们还会给他人留下更加深刻和全面的印象。怎样才能给他人留下好印象呢？如果说良好的第一印象是相处的第一步，那么给他人留下好印象，才是我们真正要达到的目标。

通常情况下，给他人留下怎样的印象取决于我们在各个方面的综合表现。但是心理学家经过研究发现，各种综合素质在给他人留下印象的过程中所起到的作用也是不一而足的。如果一定要选出对给他人留下印象起作用比较大的因素，首先是气质和外表。这是因为人们虽然知道以貌取人是不对的，但是气质和外表却是最先呈现在他人面前的形象工程。因而要想给他人留下良好的第一印象，就一定要拥有美好的形象和独特的气质，这样才能让他人对我们产生好感，不至于反感我们。除了形象和气质之外，我们还要注意自己的表情，控制好自己的视线。一个心怀坦荡的人与他人交流，总是能够直视他人的眼睛，与他人进行眼神交流。当然，直勾勾地盯着他人的眼睛也是不礼貌的表现，可以看着他人面部的三角区，这样既能起到与对方进行眼神交流的作用，又不至于给对方咄咄逼人之感。在与他人交流的过程中，我们还应该丰富自己的表情，及时给他人做出表情的回应，他人也会更愿意与我们继续交流下去。记住，没有人愿意面对一个面无表情的木头人说话，而适时给他人回应是尊重他人的表现。

其次，说话的声音和语言表达的方式也有助于给他人留下好印象。人人都知道同样的内容以不同的方式表达出来所起到的作用是不同的，因此即使同一个人说同样的话，如果他采取的说话的声调、语调不同，所起到的作用也会大相径庭。既然语言是人与人之间交流的桥梁，那么我们就要重视桥梁的沟通作用，而不要因为语言让对方产生任何的误解。

再次，在给他人形成印象的过程中，说话的动作和姿态也至关重要。众所周知，身体语言在语言表达中起到非常重要的作用，说话时的姿态和动作就属于身体语言。很多人喜欢双手环抱胸前，却不知道这是一种拒人于千里之外的姿态。如果我们想与对方更加亲近，也想赢得对方的信任和理解，就不应该采取这样的姿势。还有的人站在某个地方喜欢不停地晃动自己的腿或者一只脚，这样的举动很容易给对方留下轻浮的感觉，也会让对方觉得自己不受尊重，当然不利于人际关系的发展。因此要想给他人留下好印象，与他人顺利交流，除了要重视说话的声音和语言表达的方式之外，我们还要以恰到好处的姿态出现在他人面前。

最后，给他人留下好印象，还要重视说话的内容。也许有些朋友会觉得奇怪，难道说话的内容不是彼此交流过程中最重要的吗？的确。我们与他人进行交流，目的就是传递思想和表达内容，然而在真王进行交流时，说话的内容并不是排在第一位的。这是因为在他人真正了解我们说话的内容之前，已经在观察我们说话时候的综合表现，并且由此对我们形成了初步印象。所以，要想成功给他人留下良好的第一印象，我们必须先重视上述因素，在得到对方的初步认可之后，再表达我们真正想说的话。否则，一旦我们给他人先留下恶劣印象，那么我们接下来所说的内容再怎么重要，也很难纠正他人对我们的印象了。所以，与人交流时一定不要本末倒置，只有这样才能成功给他人留下好印象。

最后还要强调的是，职场上，很多大学生以为自己只要拥有真才实学，就一定能够得到招聘者的赏识，从而顺利地找到心仪已久的工作。实际上，现实却告诉我们，一个人哪怕能力再强，如果不修边幅就去面试，也很难找到工作。这是因为形象对人的影响非常大，而且也会影响给他人留下的印象。正是基于这一点，如今的大学生在找工作的时候总是西装笔挺，女性求职者还会化淡妆，从而让自己的形象使人赏心悦目，也使招聘者更愿意倾听他们的自我陈述。

掌握会影响我们给他人留下不同印象的因素之后，我们自然也就掌握了操控印象的方法和途径。只要在上述这些方面多多用心，努力做到最好，那么我们就具备了给他人留下好印象的硬性条件。当然，除了硬性条件之外，要想给他人留下好印象，还要注意提升自己很多软性条件。例如，出口成章的人，一定会给别人留下饱读诗书、满腹才华的感觉，而说起话来磕磕巴巴的人，一定会让人感受到他的胆小怯懦。这些东西都不是短期内能够伪装出来的，与其想尽办法遮掩，还不如真实地表现出自己，从而寻找到符合自己性格特点的工作。

要知道，你不可能在自己所爱的人面前一直伪装，也不可能在工作过程中始终以假面示人，既然如此，我们为什么不表现出最真实的自己，哪怕被拒绝也会浑身轻松，或者幸运地得到机会被录用，也能够继续做自己，而不用整日那么辛苦地伪装自己。因此，尽管印象是可以被操控和改变的，我们可以想方设法给他人留下良好的印象，但是归根结底，我们还是我们自己，而不是任何其他一个完美的人，这一点是需要我们时刻铭记于心的。

听声识人，只需要五秒钟

前文说过，第一印象是在初次见面的几秒钟之内形成的，不可否认，几秒钟的时间实在太短暂了，甚至不够我们仔细地看对方一眼，也不够我们认真地听对方说一句话。那么，我们如何通过这几秒钟了解对方呢？反过来想一想，我们又要如何通过这几秒钟给对方留下初步印象呢？实际上，这几秒钟的了解并非涉及到具体的内容，而是通过言行举止表现出来的。也就是说，这五秒钟里，任何人都无法传递给他人具体的信息，而只能给他人留下整体的印象。这么说来就容易理解了，哪怕时间再短暂，一个人在各个方面的综合表现也会进入对方的视野，甚至还能表现出自己的性格倾向，从而让对方决定是喜欢我们还是讨厌我们。归根结底，很多性格并不相容，而如果能够实现志同道合，自然会让交往更加顺利。

在五秒钟内，具体来说，到底哪个因素最容易形成人的印象呢？那就是语速。简而言之，在短时间内，我们可以从一个人说话的速度洞察这个人的内心。通常情况下，那些语速比较快的人都是做事精明干练，而且竞争意识很强的人。这种人往往不愿意接受别人的意见和看法，而更相信自己的判断，所以他们总是固执己见，对他人颐指气使。他们自以为是，总觉得自己的一切想法都是对的，因而他们总是情不自禁地想要影响和控制他人。在这种情况下，他们的语速会情不自禁地加快，这其实是他们从内心深处想要在他人面前占据优势的原因。

除了性格会影响一个人的说话速度之外，有的时候，精神状态也会让人的语速发生很大的变化。一个人在平静的心态下诉说事实的时候，往往能够放缓语速，因为他们不怕对方来推敲自己的话是否真实或者正确。相反，他们很愿意让对方听清楚自己所说的每一个字，这是因为他们内心深处无所畏惧，也非常坦荡。恰恰相反，一个人如果正在说谎，或者他们担心会有什么恶劣的后果出现，那么他们总是会在不知不觉中加快语速，恨不得让自己说的话在对方的心中一带而过，不会在对方心中引起任何波澜。朋友们会发现，很多律师在采取攻心术为当事人辩解的时候都会加快语速，而大多数律师在陈述对自己有利的证据时，往往会放缓语速，从心理学的角度而言，这是潜意识在发生作用。当然，也有的人天生说话语速快或者有的人天生说话就慢，如果作为常态出现语速快或者慢并不代表什么，但是如果一个人的语速突然发生变化，例如原本说话很快的一个人变得慢条斯理，或者原本说话很慢的人变得说话如同连珠炮，那么我们就必须认真推断对方所说的话是真的还是假的，到底出于什么目的。

一般情况下，一个语速相对较慢的人，也是一个非常自信的人。他们相信有理不在声高，也相信自己不用以快速的语言向他人灌输自己的想法，就能成功吸引他人的注意力。当一个人满怀信心的时候，他说话的速度也会变得缓慢下来。有兴趣的朋友可以观察身边的人，并且把他们的语速与他们的心理状态联系起来，那么一定会有意外的发现。从这一点来看，仅仅几秒钟的时间，我们甚至无法听清楚对方在说什么，但是我们可以通过感受对方的语速是快还是慢，就能够对对方的性格有初步的了解和判断了。

我们不但可以利用语速来了解他人，也可以用通过控制语速来展示自己的性格。例如，作为一个领导者，下达命令的时候可以放慢语速，从而吸引与会者的注意。再如，想要给他人留下诚实稳重的印象，我们也可以有意识地放缓语速。当然，如果想让对方形成紧迫感，那么就可以加快语速。心理学家经过研究发现，语速快的人往往每分钟能说四百字以上，但是这样的语速会给人留下轻浮的感觉，或者很难得到他人的信任。如果能够适当放缓语速，把每分钟的语速控制在三百字左右，那么就更容易彰显我们的自信从容，我们也就能够得到他人的信任了。

五秒钟了解他人的秘密。并不在于听到对方说了什么，也不在于对方真正想表达什么，而在于我们可以通过对方的语速对对方的性格进行初步的判断。同样的道理，我们也可以抓住这五秒钟的时间，利用控制自身的语速来给对方留下更好的印象。

成人也会害羞和认生吗

很多人都误以为害羞只是小姑娘的专利，实际上成人也会害羞。众所周知，在人际相处的过程中，第一印象是非常重要的，所以每个人都希望给他人留下良好的第一印象。那么当成人感到害羞时，可想而知给他人留下好印象也就变成了泡影。为了改变害羞和认生的状态，我们必须洞察害羞和认生背后深层次的心理原因，才能有的放矢地改变这种状态，让自己表现得更好。

对于害羞和认生，很多人都存在误解，甚至以为认生只会发生在孩子身上。的确，在六七个月之后，婴儿就会表现出认生。尤其是一岁多到三岁之间的孩子，他们的自我意识逐渐发展，因而面对陌生的人往往内心紧张，非常戒备。从心理角度而言，不仅孩子面对陌生人会感到不安全，成人面对陌生人也会觉得紧张局促，因而很多成人都不喜欢与陌生人交往。每当面对陌生人，他们就心跳加速，内心烦躁不安，这正是他们抵触陌生人的表现。作为强大的成人，为什么也会有认生的感觉呢？

细心的朋友们会发现自己在面对陌生人时也往往觉得非常不自然，甚至言行举止都变得拘谨，无法表现出最真实的自己。这看似是对陌生人的尊重，实际上就是认生的表现。如果说认生对于儿童而言只是对亲人形成依赖的过程，那么对于成人而言，则是一种自我防御机制。

从本能的角度来说，每个人都是有恐惧心理的。成人也会有自我防御的心理，他们的警戒心和恐惧心导致他们形成了心里的长城，从而把他人隔绝于外，以更好地护卫自己的内心。当然，成年人的自我防卫并非偶然出现。很多成年人之所以对陌生人心怀芥蒂，是因为曾经受过伤害。心理学家告诉我们，还有的成年人在小的时候受到过伤害，心理上的阴影会伴随他们一生，导致他们哪怕成年以后也依然对陌生人心怀疑虑。

实际上，人的本能都是趋利避害的。这种特性决定了人们在社会交往中，都希望通过建立良好的人际关系，为自己的生存和发展提供更多的便利条件。尤其是那些外向的人，他们更愿意结识更多的朋友，从而推销自己，给自己寻找到更多的机会。即使是内向的人，在这个社会上也会意识到交往的重要性，因而有意识地与陌生人接触。当然，这一切都是基于利益的基础上，目的是为了让自己获利。需要注意的是，这里所谓的获利并非单纯是指物质和金钱上的收获。有的时候，人们与陌生人交往是为了开阔自己的眼界，或者让自己得到精神上的好处。例如一个学生总是愿意和自己的教授密切相处，这是因为教授能给他们知识上的启迪，也能够引导他们在学业上有所成就。这就是一种功利的表现，只不过这种功力不涉及金钱和物质，而涉及学业和成就。普通人在人际交往中也希望自己获得启发，或者哪怕在与人交谈时，心情上的愉悦也是一种收获。毋庸置疑，人是群居动物，没有人可以离群索居，只面对自己，这样的孤独是任何人都无法承受的。在与他人交往的过程中，我们恰恰可以宣泄自己的情绪，表达自己的见解，排解自己的压力，从而让自己感到身心愉悦，也让自己的心理保持健康的状态。哪怕是一个内向的人，也需要与他人交流。然而，在对他人心怀疑虑的时候，内向、认生和害羞的人又会产生自我防卫，这就导致了他们的认生表现，也可以说认生是他们用于自我保护的一种方式，是他们潜意识里对于自己的守卫。

毕业后，李娜和大学同学刘芳一起应聘进入一家公司。能够从大学同学再到好同事、好朋友，李娜和刘芳都觉得很庆幸，也相约要在工作上互相帮助，互相扶持，从而一起取得进步和发展。

三年多过去了，李娜和刘芳都从公司的新人变成了老人。最近，公司进行制度改革，要进行大的人员变动。李娜和刘芳所在部门的部门经理调动到另一个城市当分公司老总，这样一来李娜和刘芳同时面临着晋升的机会，也一下子进入竞争的状态。

对此，李娜是顺其自然的态度，她希望自己竞聘成功，当然，如果刘芳成为部门经理，她也会很高兴。总而言之，她希望自己与刘芳之间能够展开公平竞争，不管谁得到晋升都是值得庆祝的事情。然而，没过多久，公司里就传出李娜在大学考试期间曾经因为作弊被学校处分的事情。李娜觉得很惊讶，整个公司只有她的好同学刘芳知道这件事情。可想而知，当刘芳顺利晋升后，李娜并没有预期那么高兴。让她伤心的不是失败，而是背叛。从此之后，她再也不愿意相信任何人，对于每个同事都心怀忌惮。她常常问自己：如果大学同学都不能相信，我还能相信谁呢?

后来，李娜进入一家新公司，却因为总是怀疑同事，而导致工作上进展得很不顺利。面对李娜的多疑和警惕，同事们都感到很难以接受，她的工作搭档甚至向领导提出，要终止和李娜的合作，领导不知道问题出在哪里，因而向那位同事了解原因，这才知道李娜的自我保护意识太强了，进入公司几个月，依然和同事形同陌路。领导当即和李娜谈话，希望她改善与同事的关系，李娜这才意识到自己的人际关系陷入了危机。她告诉自己：就算曾经受到伤害，就算再次受到伤害，我也应该真诚地面对这个世界。从此之后，李娜改变心态，又变成了那个无忧无虑的女孩。虽然她错过了一个很好的职位，但是她却找到了人生的快乐。

在这个世界上生存，谁没有受到过伤害呢?尤其是当伤害来自身边的人，我们往往会感到心惊胆战，甚至从此失去了信任他人的勇气。然而，这样的戒备状态只会让我们更加艰难地面对未来的人生时，也导致人际关系陷入窘境。

人生，除了要学会记住，更要学会忘记。要想改变人生的状态，要想让人际关系发展得和谐融洽，我们就要打消心中的疑虑。虽然这个社会上有很多坏人，但是也有很多好人，归根结底，我们必须敞开心扉去迎接朋友的到来。当学会遗忘，遗忘自己曾经受到的伤害，也遗忘那些伤害自己的人，我们才能宽容友善地接纳新朋友，迎接新生活，也让自己的人生掀开新篇章。

参考文献

[1]徐文. 心理学与性格分析[M]. 哈尔滨：北方文艺出版社，2017.

[2]木瓜制造/原田玲仁. 每天懂一点性格心理学[M]. 郭勇，译. 长沙：湖南文艺出版社，2012.

[3]文德. 性格与人生[M]. 北京：中国华侨出版社，2014.